Aus dem Institut für die Physik des Erdkörpers
(Direktor: Prof. Dr. H. Menzel)

Hamburger Geophysikalische Einzelschriften
Herausgegeben von den Geophysikalischen Instituten
(Fachgebiete: Meteorologie, Ozeanographie, Physik des Erdkörpers)
der Universität Hamburg

Heft 10

Rayleighwellen am Keil mit freien Grenzflächen

Rayleigh waves on a wedge with free-free boundaries

von

Rudolf Gutdeutsch

Hamburg 1968
Cram, de Gruyter u. Co

Preis: DM 14,–

Inhaltsverzeichnis

Seite

Zusammenfassung

In dieser Arbeit wird die Ausbreitung von Rayleighwellen in einem Keil mit freien Grenzflächen experimentell untersucht. Eine theoretische Bearbeitung ergibt Lösungen, die hinsichtlich Laufzeiten, Amplituden und Partikelbewegung in guter Übereinstimmung mit den experimentellen Ergebnissen stehen.

Die experimentellen Untersuchungen werden an einem zweidimensionalen Modell eines Keiles aus Aluminium mit dem Öffnungswinkel 5° durchgeführt. Erzeugung und Registrierung der Rayleighwelle erfolgt mit einer modellseismischen Apparatur. Wenn die Rayleighwelle in Richtung zur Keilachse läuft, zerfällt sie in zwei neue Wellenarten, sobald sie eine Region erreicht, in der die örtliche Keilweite in der Größenordnung von 2 Wellenlängen liegt. Die beiden neuen Wellen werden mit L-Welle und B-Welle bezeichnet. Die erste stellt einen symmetrischen und die zweite einen antisymmetrischen Mechanismus, bezogen auf die Mittelebene des Keiles, dar. Die Phasengeschwindigkeiten beider unterscheiden sich von der Geschwindigkeit der Rayleighwelle und sind außerdem voneinander verschieden. Sie ändern sich beide mit dem Laufweg, dennoch ist die gesamte Laufzeit beider Wellen beim Erreichen der Keilachse gleich der Laufzeit einer Rayleighwelle am homogenen Halbraum über die Entfernung von der seismischen Quelle zur Keilachse. Dieser Effekt ist unabhängig von der Position der seismischen Quelle. Die lokalen Phasengeschwindigkeiten von L- und B-Welle sind jeweils gleich den Phasengeschwindigkeiten der symmetrischen bzw. antisymmetrischen Plattenwelle nullter Ordnung in einer Platte, deren Dicke gleich der lokalen Keilweite ist. Die Amplituden der L- und B-Welle nehmen mit Annäherung an die Keilachse zu und in entgegengesetzter Richtung ab. In dem Gebiet, wo die lokale Keilweite kleiner als eine Wellenlänge ist, ändert sich die Longitudinalkomponente u_l des Verschiebungsvektors mit der Entfernung r zur Keilachse angenähert wie

$$u_l \cong r^{-0,7}$$

Bei größeren Entfernungen weichen die experimentellen Amplituden zu größeren Werten hin ab. Versuche zeigen, daß das Amplitudenverhältnis zwischen L- und B-Welle nicht konstant ist, sondern vom Ort der seismischen Quelle abhängt.

Eine einfache Theorie beschreibt die L-Welle in der Nähe der Keilachse in Form von Hankel-Funktionen nullter Ordnung. Die sich hieraus ergebenden Phasengeschwindigkeiten,Partikelbewegung und das Amplituden-Entfernungs-Gesetz stimmen recht gut mit den experimentellen Ergebnissen überein, solange die örtliche Keilweite kleiner als eine halbe Wellenlänge ist. Eine andere Berechnung, gültig für größere Entfernungen von der Keilachse, verwendet folgende experimentellen Ergebnisse: 1.Die lokalen Phasengeschwindigkeiten von L- und B-Welle sind jeweils gleich den Phasengeschwindigkeiten der symmetrischen bzw. antisymmetrischen Plattenwelle nullter Ordnung, wobei die entsprechende Plattendicke gleich der lokalen Keilweite ist. Man kann also die Phasenlaufzeit durch Integration der reziproken lokalen Phasengeschwindigkeiten über den Laufweg erhalten. 2. L- und B-Welle erfüllen die Randbedingungen unabhängig voneinander, dürfen also unabhängig voneinander bearbeitet werden. Unter der zusätzlichen Annahme, daß sich die Amplituden der Partialwellen nicht mit dem Laufweg ändern, werden synthetische Seismogramme berechnet. Die erhaltene Signalform und die Laufzeiten stehen in guter Übereinstimmung mit den experimentellen Ergebnissen, die Signalamplituden dagegen nicht. Die Frequenzanalyse der synthetischen Seismogramme hebt einige charakteristische Merkmale der Gruppenlaufzeiten für die Rayleighwelle am Keil hervor. Beispielsweise existiert im Falle der L-Welle ein Maximum der Gruppenlaufzeit als Funktion der Frequenz. Dieses Maximum verbreitert sich, wenn das Signal sich der Keilachse nähert. Da es bei der Wellenausbreitung an der planparallelen Platte eine solche Verbreiterung nicht gibt, kann möglicherweise dieses Merkmal zur Erkennung einer Keilstruktur in Erdbebenseismogrammen dienen. Fehlinterpretationen sind allerdings möglich, wenn nur ein Teil des Seismogrammes ausgewertet wurde oder nur ein zu schmaler Bereich des Frequenzspektrums zur Verfügung steht.

Um die Qualität der genannten Näherungsrechnung zu prüfen, werden die Spannungen auf den Keilgrenzflächen berechnet.

Diese müssen umso kleiner sein, je besser die Näherung ist. Es zeigt sich, daß diese Spannungen proportional dem Keilöffnungswinkel bzw. dem Quadrat des Keilöffnungswinkels sind. Für Öffnungswinkel unter 5° sind sie im Rahmen der Meßgenauigkeit vernachlässigbar klein. Aus diesem Grunde muß die Näherung gut sein. Diese Kontrollmöglichkeit gibt aber keine Auskunft über den Fehler des Verschiebungsvektors. Dagegen zeigt sie, daß die bisherige Näherung verbessert werden kann. Eine solche verbesserte Näherungsrechnung wird durchgeführt, wobei die Amplitude der Welle mit fester Frequenz eine Funktion des Laufweges ist. Für die Rechnung wird vorausgesetzt, daß die Energie einer Welle mit fester Frequenz eine Konstante ist. Für die L-Welle wird nachgewiesen, daß in der Umgebung der Keilachse, wo die örtliche Keilweite kleiner als 2 Wellenlängen ist, die longitudinalen und transversalen Verschiebungskomponenten u_1 und u_2 sich verhalten wie

$$u_1 \cong (kr)^{-0.5}$$

$$u_2 \cong (kr)^{+0.5}$$

wobei k die Wellenzahl bedeutet.

In einer bestimmten Entfernung von der Keilachse erreicht u_2 ein Maximum, und u_1 verschwindet, um bei größerem r sein Vorzeichen zu wechseln. Hiermit ist eine Umkehr des Drehsinnes der Partikelbewegung von prograd nach retrograd verbunden. Bei sehr großen Entfernungen r geht die Partikelbewegung asymptotisch in die der Rayleighwelle am homogenen Halbraum über.

Durch Überlagerung von einer Anzahl von Partialwellen wird ein Signal erhalten, das in der Nähe der seismischen Quelle dem modellseismisch beobachteten Signal sehr ähnlich ist. Die hiernach berechnete Beziehung zwischen Amplitude und Laufweg für u_1 stimmt recht gut mit den Beobachtungen überein.

Abstract

Rayleigh wave propagation in a free-free wedge with a small opening angle is studied experimentally. Theoretical calculations are also made which give travel-times, amplitude-distance-relations and particle motions in good agreement with the experimental results. It is shown that wave propagation in a wedge can be explained on the basis of dispersion theory for plates of parallel boundaries.

Experimentally, a two- dimensional Aluminium wedge model with operning angle 5° is constructed. Rayleigh waves excited by ultrasonic impulses are studied. It is observed that as a Rayleigh wave travels toward the corner of the wedge it decomposes into two new kinds of waves in the region where the wedge thickness is about two wave-lengths. These waves are designated as L-waves and B-waves. Their particle motions are respectively symmetrical and antisymmetrical with respect to the bisector of the wedge. The phase velocities of these waves are different from the Rayleigh wave velocity and from each other. They vary with the distance r from the corner, although their total travel-time from source to corner are the same and are equal to the Rayleigh wave travel-time over the same distance in a half space, irrespective to the source location. The local phase velocities of L- and B-waves are respectively equal to those of the symmetrical and antisymmetrical modes of Rayleigh waves in a plate with parallel boundaries of thickness equal to the local wedge thickness. The amplitudes of both L- and B-waves increase as they propagate toward the corner and decrease otherwise. In the regions where the wedge thickness is about one wave length or less the longitudinal component u_1 of the displacement vector of L-waves is found to be correlated with distance r to the corner approximately as follows:

$$u_1 \cong r^{-0,7}$$

At greater distances the observed amplitude is larger than given by this relation. The amplitude ratio between L- and B-waves is found to be dependent upon the source location

A simple theory using HANKEL's functions of zeroth order

is developed to describe L-wave propagation near the corner of the wedge. It is found that the calculated amplitude-distance relation and phase velocity are in fairly good agreement with experimental results in the region where the wedge thickness is about half a wave length or less. To describe L- and B-waves at greater distances another calculation is made on the basis of the following assertions, as may be inferred from the experimental results: 1. The local phase velocities of L-and B-waves are respectively equal to those of the symmetrical and anti-symmetrical modes of Rayleigh waves in a plate of thickness equal to the local wedge thickness. Therefore the phase travel-times may be obtained by integrating the reciprocal local phase velocities over the source-receiver distance. 2. L- and B-waves satisfy the boundary conditions independently.

Synthetic seismograms for both L- and B-waves are obtained on the assumption that the amplitudes of partial waves do not change with distance. The calculated signal shape and travel-time are in good agreement with the observed results but the signal amplitudes are not. Frequency analysis is made to examine the group travel-time characteristics in a wedge. It is found that there exists a maximum in the travel-time as function of frequency.The peak of this curve broadens when the signal approaches the corner. This feature may be useful in field studies to detect wedge structures. It should be noted, however, in analyzing field seismograms interpretations may be in error if only a part of the seismogram is analyzed or only a small portion of the dispersion curve is available. To test how good the approximation of signal-shape and travel-time in the above calculation is, one may calculate whether the forces acting on the wedge boundaries vanish. Calculations show that these forces are proportional to the wedge angle linearly or quadrically. For wedge angles of 5° or less these forces are negligibly small and thus the approximation is good. However, the error of the displacement vector cannot be estimated in the same way. A better approximation for the amplitudes of L-waves is achieved by taking into account of despersion and the fact that the energy of the partial waves is a constant The latter may be inferred from the above calculated results that the forces acting on the boundaries are small. For a partial wave the displacement vector is found to vary with distance r. At the neighbourhood of the corner within a critical distance where the wedge thickness is about two wavelengths, the following distance dependence of the longitudinal and transverse components u_1 and u_2 is found

$$u_1 \cong (kr)^{-0,5}$$

$$u_2 \cong (kr)^{+0,5}$$

where k is the wave number.

At the critical distance u_2 reaches a maximum while u_1 vanishes and reverses its direction. Thus the particle motion changes from prograde into retrograde. For still further distances the particle motion gradually exhibits Rayleigh wave features in a homogeneous halfspace. Upon superposition of a number of such partial waves to get a source signal similar to the experimental one, the calculated amplitude-distance relation for u_1 is found to agree quite well with the observed relation.

A. Benutzte Symbole

ρ = Dichte

λ,μ = Lame'sche Parameter

a $= \sqrt{\frac{\lambda+\mu}{\rho}}$ = P-Wellengeschwindigkeit

b $= \sqrt{\mu/\rho}$ = S-Wellengeschwindigkeit

a' $= 2b\sqrt{1-b^2/a^2}$ = Geschwindigkeit der longitudinalen Plattenwelle

a'' $= 2b\sqrt{1-b^2/a'^2}$ = Geschwindigkeit der Stabdehnungwelle

ω = Kreisfrequenz

T $= 2\pi/\omega$ = Periode

c = Phasengeschwindigkeit, am Keil:lokale Phasengeschwindigkeit

u = Gruppengeschwindigkeit, am Keil: lokale Gruppengeschwindigkeit

E = Signallänge

k $= \omega/c$ = Wellenzahl

k_a $= \omega/a$ = Wellenzahl der P-Welle

k_b $= \omega/b$ = Wellenzahl der S-Welle

ν $= \sqrt{k^2-k_a{}^2}$

ν' $= \sqrt{k^2-k_b{}^2}$

U = Potential des wirbelfreien Anteiles des Verschiebungsfeldes

Ψ_i = Vektorpotential des quellenfreien Anteiles des Verschiebungsfeldes

i,j,k (als Indizes)= Indizierung der Komponenten eines Vektors oder Tensors 1,2 oder 3

n,m = Indizierung der Glieder einer Fouriersumme

u_i = Verschiebungsvektor

σ_{ij} = Spannungstensor

ε_{ij} = Deformationstensor $= \frac{1}{2}\{\frac{\partial u_i}{\partial x_j} + \frac{\partial u_j}{\partial x_i}\}$

δ_{ij} = Kronecker Symbol

ε_{ijk} = 1,wenn ijk aus einer geraden Anzahl von Permutationen aus 123 hervorgeht,
-1,wenn ijk aus einer ungeraden Zahl von Permutationen aus 123 hervorgeht,
0,wenn zwei gleiche Indizes

x_i, $\overline{x}_i$	=	Komponenten in kartesischen Koordinaten
A, B, C, D	=	Amplituden der Keilwellen
2H	=	örtlicher Keildurchmesser $=2x_1 \tan\phi_0$
$2\overline{H}$	=	Plattendicke eines seismischen Modelles
N, M	=	Anzahl der Glieder einer endlichen Fouriersumme
$\overline{E}$	=	Energie einer Welle
r	=	$\sqrt{x_1^2 + x_2^2}$ = Abstand von der Keilachse
ϕ	=	$\arctan(x_2/x_1)$
$2\phi_0$	=	Keilöffnungswinkel

B. Einführung

1. Literaturübersicht.

Die Frage, wie sich Rayleighwellen an der Oberfläche von Schichten mit nicht paralellen Grenzflächen ausbreiten, ist von großem praktischen Interesse. Wenn auch die Erde vorwiegend parallel geschichtet ist, so sind doch Abweichungen in Form von Keilen nicht selten.
So führte die Beobachtung, daß die mikroseismische Bodenunruhe beim Durchlaufen eines Gebirges eine starke Intensitätsabnahme zeigt, GUTENBERG (1924) zu der Vorstellung, daß eine tiefreichende geologische Struktur begrenzter Ausdehnung wie eine "Barriere" wirkt. Wenn auch diese Barriere ebenso durch Störungszonen als auch durch die nach der Isostasie geforderten Gebirgswurzel hervorgerufen sein kann, so liegt doch die Vermutung einer keilförmigen Mächtigkeitsänderung der Erdkruste sehr nahe. Solche keilförmigen Mächtigkeitsänderungen kommen auch in den Kontinentalrandzonen vor, und zwar bildet die Kruste hier einen sich zum Ozean verjüngenden Keil. Daher kann man bei Übertragung der genannten Vorstellung auch die Kontinentalrandzonen als ein Hindernis für die Ausbreitung der Mikroseismik ansehen (DONN 1952). GILMORE (1946) vermutet, daß der Einfluß einer keilförmigen Schicht auf die Wellenausbreitung von der Ausbreitungsrichtung dieser Welle abhängt. Die Meßergebnisse sprechen dafür, daß die Ausbreitung der Rayleighwellen in Richtung zur Keilöffnung gefördert und in entgegengesetzter Richtung gehemmt wird. Die Eigenschaft der geschichteten Erde als Wellenleiter wird offenbar gestört, wenn die Grenzflächen nicht parallel verlaufen. Dieser Effekt kommt nach EWING, JARDETZKY und PRESS (1957) dadurch zustande, daß

die Rayleighwelle im Keil fortwährend Energie durch die Erzeugung anderer Wellenarten verliert. Der Vorgang ist von der Ausbreitungsrichtung abhängig, d.h. der Keil wirkt wie ein Ventil.
Weitere Kennzeichen von Rayleighwellen am Keil sind von STROBACH (1957) beobachtet und interpretiert worden. Es ist bekannt, daß die Rayleighwellen am planparallel geschichteten, isotropen und idealelastischen Halbraum elliptische Bahnkurven mit senkrecht stehenden Achsen beschreiben. Mikroseismische Beobachtungen im Hamburger Raum zeigen jedoch vorwiegend flach geneigte Figuren als Bahnkurven. STROBACH vermutet als Ursache die wechselnde Sedimentbedeckung in diesem Gebiet. Sie bildet einen sich nach Süden öffnenden Keil. STEINBECK (1965) zeigt an Modellexperimenten, daß geneigte Bahnkurven in der Tat bei Rayleighwellen am Keil vorkommen. Er untersucht Rayleighwellen an einem zweidimensionalen Modell eines Plexiglaskeiles mit dem Öffnungswinkel 5° über Aluminium. Beobachtungen im "Inneren" und an der "Oberfläche" zeigen, daß die Bahnkurven sehr unterschiedliche Neigungen haben können. Hier sei bemerkt, daß nach den Untersuchungen von GILBERT, LASTER, BACKUS und SCHELL (1962) und GILBERT und LASTER (1962) geneigte Bahnellipsen z.B. auch bei der Grenzflächenwelle an der Grenzfläche einer Flüssigkeit gegen festen Halbraum auftreten. Sie werden dort als eine Folge der Extinktion durch Umwandlung in andere Wellenarten interpretiert. Die Übertragung dieser Interpretation auf die Bedingungen am Keil ist wohlbegründet.
STEINBECK vergleicht seine Ergebnisse mit der Wellenausbreitung an einer Schicht gleichbleibender Dicke über

einem Halbraum hoher Wellengeschwindigkeit (LEE 1932). Da sein Modell nur wenig von einer planparallelen Schichtung anweicht, ist dieser Vergleich naheliegend. Die Wellenausbreitung an einer solchen planparallelen Schicht ist viel einfacher mathematisch zu erfassen als an einem Keil. Man kann die Bahnkurven exakt angeben. Außerdem gibt es eine Dispersionsgleichung, in der die Phasengeschwindigkeit als Funktion des Produktes Wellenzahl mal halbe Schichtdicke dargestellt wird. Bekanntlich stellt die Dispersionsgleichung im isotropen, idealelastischen geschichteten Medium die Bedingung konstruktiver Interferenz von Wellen dar, die innerhalb der Schicht mehrfach reflektiert werden. Wenn die Grenzflächen nur wenig gegeneinander geneigt sind, wird diese Interferenzbedingung nur geringfügig gestört. Dieses trifft für alle Ausbreitungsmechanismen zu, die durch konstruktive Interferenz zu interpretieren sind, z.B. auch die sogenannten "Vielfacheinsätze" (GUTDEUTSCH 1962), wie KREY bei feldseismischen Messungen beobachtet hat (siehe MEISSNER 1965).

Die Annahme, daß die Phasengeschwindigkeit im Keil näherungsweise gleich der Phasengeschwindigkeit in einer Platte von der Dicke der örtlichen Keilweite ist, impliziert, daß man ein begrenztes Stück des Keiles als Platte mit parallelen Grenzflächen annähern darf. Diese Vorstellung liegt zahlreichen Veröffentlichungen über die Dispersion von Rayleighwellen an der Erdoberfläche zugrunde, wenn sie auch meistens nicht klar ausgesprochen wird. In der Regel leitet man aus Erdbebenregistrierungen sogenannte "regional gültige Dispersionskurven" ab. Dann wird eine theoretische Dispersionskurve, gültig für ein horizontal parallel geschichtetes

Modell des Untergrundes zwischen Epizentrum und Beobachtungsstation der gemessenen Dispersionskurve optimal angepaßt. Das Verfahren setzt voraus, daß keilförmige Mächtigkeitsänderungen in diesem Gebiet, sofern sie nicht zu groß sind, vernachlässigt und stattdessen eine mittlere Mächtigkeit für das ganze Gebiet vorausgesetzt werden darf (siehe z.B. SCHNEIDER, MÜLLER und KNOPOFF 1966).

Wenn die Annahme berechtigt ist, daß die Phasengeschwindigkeit im Keil gleich der Phasengeschwindigkeit in einer Platte von der Dicke der örtlichen Keilweite ist, so folgt daraus zweierlei: 1. Die Phasengeschwindigkeit im Keil ist eine Funktion des Ortes. 2. Sie ist unabhängig von der Ausbreitungsrichtung der Welle (Isotropie). Diese beiden Folgerungen lassen sich experimentell viel leichter nachprüfen als die ursprüngliche Annahme. Sie sind darüberhinaus von großer Bedeutung für die Interpretation seismischer Daten.

Hier ist es angebracht, die für den Keil wichtigen Begriffe, der "lokalen Phasengeschwindigkeit" c und der "gemittelten Phasengeschwindigkeit" c' zu definieren. Die "lokale Phasengeschwindigkeit" c erhält man aus dem Differentialquotienten des Laufweges s nach der Zeit t.

$$c = ds/dt.$$

Da der Abstand $s_2 - s_1$ zwischen zwei Stationen 1 und 2 einen endlichen Wert hat, erhält man aus den jeweils gemessenen Laufzeiten t_1 und t_2 nicht die lokale Phasengeschwindigkeit, sondern die über $t_2 - t_1$ gemittelte Phasengeschwindigkeit c'

$$c' = (s\ - s\ ) / \int_{s_1}^{s_2} ds/c(s) \quad \text{(KUO und THOMPSON 1963)}$$

Man muß den Abstand zwischen den beiden Stationen so klein wählen, daß die lokale Phasengeschwindigkeit c innerhalb dieses Abstandes angenähert als konstant angesehen werden darf. Dann gibt c' einen guten Näherungswert für die lokale Phasengeschwindigkeit c. Die Beobachtung, daß in einem Keil die lokale Phasengeschwindigkeit eine Funktion des Ortes ist, ist experimentell vielfach belegt und allgemein bekannt. In der Modellseismik benutzt man diese Eigenschaft eines Keiles zur Simulierung einer geologischen Struktur mit örtlich variabler Geschwindigkeit. IVAKIN (1959) prüft, inwieweit eine Platte variabler Dicke zur Darstellung eines Geschwindigkeitsgradienten geeignet ist. RICHNICHENKO, SHAMINA und KHANUTINA (1961) untersuchen experimentell die Eigenschaften eines bimorphen Modelles, das man durch entgegengesetztes Zusammenkleben von zwei Keilen aus verschiedenem Material erhält. CHAUVEAU (1962) beobachtet die eindimensionale Wellenausbreitung in einem spitzen Kegel und vergleicht sie mit der Wellenausbreitung in einem Medium mit örtlich variabler Geschwindigkeit. Bei den hier zitierten Arbeiten wird allgemein eine gute Übereinstimmung zwischen der Wellenausbreitung am Keil und einem Medium mit örtlich variabler Geschwindigkeit bestätigt. Eine genaue Analyse von CHAUVEAU zeigt in seinem Falle, daß nicht nur die Laufzeiten, sondern auch der Frequenzinhalt des seismischen Signales innerhalb geringer Fehlergrenzen gleich dem des gewünschten Modelles sind. Dennoch ist eine gewisse Skepsis hinsichtlich der Übertragbarkeit solcher Modelle auf die Natur angebracht. Die Natur der Wellenausbreitung am Keil ist heute noch viel zu wenig erforscht. Insbesondere gehen die Meinungen noch sehr darüber auseinander, ob und in welchem Grade die Annahme berechtigt ist, daß die lokale Phasengeschwindigkeit im Keil gleich der Phasengeschwindigkeit in einer Platte von der Dicke der örtlichen Keilweite ist.

Daher sollen jetzt Publikationen diskutiert werden, welche die Frage nach der Berechtigung dieser Annahme direkt stellen.

Theoretische Arbeiten auf diesem Sektor zeigen übereinstimmend, daß die genannte Annahme berechtigt ist, wenn der Keilöffnungswinkel nur genügend klein ist. Leider fehlen Angaben über Abweichungen hiervon, wenn der Öffnungswinkel größer ist. KUO und NAFE (1962) geben eine Näherungslösung der Dispersionsgleichung für den Fall an, daß die eine Grenzfläche eine Ebene und die andere eine cos-Funktion des Ortes darstellen. Wenn die Amplitude dieser cos-Funktion genügend klein und ihre Periode genügend groß ist, kann man zeigen, daß die "lokale Phasengeschwindigkeit" der Rayleighwelle unabhängig von der Ausbreitungsrichtung ist. MAL und KNOPOFF (1967,1968) untersuchen in mehreren Arbeiten die Brauchbarkeit des Ansatzes

(1) $k=k_0+ik_1\phi_0+k_2\phi_0{}^2+\ldots(k_0,k_1,k_2\ \ldots\ \text{reell})$

für die Wellenzahl k als Funktion des Keilöffnungswinkels ϕ_0. Er enthält die Unabhängigkeit der lokalen Phasengeschwindigkeit von der Ausbreitungsrichtung, weil Glieder mit geraden Potenzen von ϕ_0 reell sind. Weiterhin besagt er, daß die Richtungsunabhängigkeit auch für große ϕ_0 erhalten bleibt. k_0 bedeutet die Wellenzahl an einer Platte mit parallelen Grenzflächen, deren Dicke gleich der örtlichen Keilweite ist, und stellt die "Näherung nullter Ordnung" dar. Glieder mit ungeraden Exponenten von ϕ_0

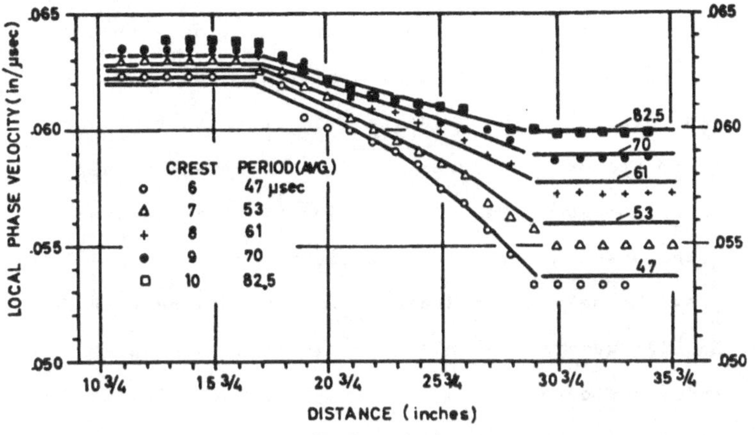

Fig. 5a. Downslope.

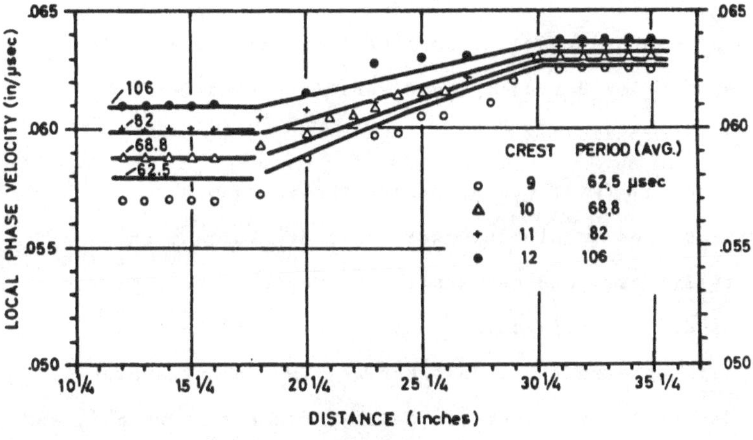

Fig 5b. Upslope

Abbildung 1. Lokale Phasengeschwindigkeiten nach KUO und THOMPSON

Figure 1. Local phase velocities after KUO and THOMPSON

sind imaginär. Sie beschreiben eine richtungsabhängige Extinktion der Welle; je nachdem die Welle in Richtung zur Keilachse oder zur Keilöffnung läuft, nimmt ihre Amplitude zu oder ab. Im Prinzip wird damit der Vorgang beschrieben, der in dieser Arbeit mit der Wirkung eines Ventiles verglichen wurde (siehe S.1). Die Autoren führen eine Näherungsrechnung durch, in der sie annehmen, daß jeder Bereich des Keiles einen kleinen Teil der einfallenden Rayleighwellen-Energie reflektiert. Bei Vernachlässigung von sekundären Raumwellen führt die Berechnung auf ein Eigenwertproblem mit Störungstermen kleiner Amplitude. Aus diesen Kann man einige Gesetzmäßigkeiten des Ansatzes (1) ersehen. Eine Bestimmung der Faktoren k_1, k_2 usw. wird nicht durchgeführt, aber nachgewiesen, daß k_0 die Näherung nullter Ordnung bedeutet.

Es gibt mehrere modellseismische Arbeiten, welche die Frage nach der Berechtigung dieser Approximation direkt anschneiden.

FUCHS (1965) führt Geschwindigkeitsmessungen des Ersteinsatzes an Aluminiumkeilen in der Luft durch. Er stellt fest, daß der erste erkennbare Einsatz der seismischen Energie zuerst mit P-Geschwindigkeit auf die Keilachse zuläuft. In einer bestimmten Entfernung von der Keilachse sinkt die Geschwindigkeit sprunghaft auf den Wert der Plattenwelle. Diese Entfernung ist viel kleiner als man auf Grund der Dispersionstheorie für planparallele Platten erwarten würde. Bei Geschwindigkeitsmessungen des Ersteinsatzes ist jedoch zu berücksichtigen, daß Laufzeitmessungen durch den seismischen und elektrischen Störpegel systematisch beeinflußt werden (GUTDEUTSCH und KOENIG 1965). Zu diesem Schluß kommt auch FUCHS und zeigt in einer weiteren Arbeit (1966), daß außer diesen Faktoren das spezielle Frequenzspektrum des Signales und die Durchlaßbreite des Empfangssystemes einbezogen werden muß.

KUO und THOMPSON (1963) untersuchen die Rayleighwelle in einem zweidimensionalen Modell eines Plexiglaskeiles mit einem Öffnungswinkel von 2,5° über Planelyth. Im untersuchten Gebiet ändert sich die örtliche Keilweite zwischen 1/4 und 3/4 inch. Die Autoren bestimmen die Periode des Signales nach der im Absatz D.4. zu besprechenden sogenannten "peak and trough"-Methode. Die lokalen Phasengeschwindigkeiten einzelner Phasen des Signales tragen sie als Funktion des Ortes auf. Das Ergebnis ist in Abbildung 1 ihrer Arbeit entnommen worden. Im Entfernungsbereich zwischen 20 und 30 inch.ändert sich die Mächtigkeit der Plexiglasschicht keilförmig, außerhalb davon ist sie konstant. Die ausgezogenen Kurven sind nach der Dispersionstheorie planparalleler Platten berechnet worden. Aus dieser Darstellung sind folgende Resultate abzulesen:

1. Die lokale Phasengeschwindigkeit ist innerhalb gewisser Fehlergrenzen unabhängig von der Ausbreitungsrichtung.

2. Die lokale Phasengeschwindigkeit ist gleich der Phasengeschwindigkeit an einer planparallelen Schicht von der Dicke der örtlichen Keilweite.

Abweichungen hiervon ergeben einen Maximalfehler von etwa 2%.

Diese beiden Resultate werden von den Autoren diskutiert und die Fehler als Folge der Interferenz mit störenden Wellen erklärt.

SH.S.ALEXANDER (1963) beschreibt in seiner Dissertation einen sehr ähnlichen Modellversuch. Er untersucht Rayleighwellen an einem Plexiglaskeil mit 5° Öffnungswinkel über Aluminium und beschränkt die Messungen auf den Bereich zwischen 1/4 und 1 inch lokaler Keilweite. Dieser Bereich ist besonders wichtig für die Übertragung der Ergebnisse auf die Erdbebenseismik. Dispersionskurven für die Phasengeschwindigkeit erhält er aus den digitalisierten Seismogrammen durch ein Verfahren der Frequenzanalyse. Hierbei wird die Phasengeschwindigkeit c' aus der Laufzeitdifferenz einer Welle fester Periode zwischen 2 Beobachtungspunkten bestimmt. Dieses Verfahren arbeitet zwar in der Periodebestimmung viel genauer als die oben erwähnte "peak and trough"-Methode. Bei den vorliegenden Messungen jedoch ist der Abstand zwischen den Meßpunkten (mindestens 3 inch.) viel zu groß, um die lokale Phasengeschwindigkeit messen zu können. In diesem Entfernungsintervall kann sich die lokale Phasengeschwindigkeit um bis zu 5% ändern. Es ist also begreiflich, daß die ermittelten Dispersionskurven nicht nur vom Abstand der beiden verwendeten Meßpunkte untereinander, sondern auch von den Koordinaten beider Punkte abhängen. Sie sind daher schwierig zu interpretieren.

Die Ergebnisse zeigen weiter, daß die Geschwindigkeiten für Rayleighwellen mit entgegengesetzter Ausbreitungsrichtung systematisch um maximal 5% voneinander abweichen. Eine Gesetzmäßigkeit ist aber wegen der eben diskutierten speziellen Anlage der Meßpunkte nicht erkennbar. ALEXANDER folgert im Gegensatz zu KUO und THOMPSON, daß man die Wellenausbreitung im Keil nicht durch die Dispersionstheorie planparalleler Schichten beschreiben kann und die Phasengeschwindigkeit der Rayleighwelle von der Ausbreitungsrichtung abhängt. Diese Folgerung erscheint gewagt, weil eine durch das Auswerteverfahren bedingte Glättung der Meßwerte leicht eine Systematik vortäuschen kann, die in der Größenordnung der Beobachtungsfehler liegt.

In der Erdbebenseismik benutzt man Dreiecksstationen, um die lokale Phasengeschwindigkeit der Rayleighwellen zu messen. Nach SEIDL, MÜLLER und KNOPOFF (1966) muß der Abstand der drei verwendeten Stationen untereinander so klein sein, daß man mit einem gleichartigen Stationsuntergrund rechnen kann. Andererseits muß er ausreichend groß sein, damit Laufzeitunterschiede genügender Größe auftreten. In einer Arbeit über Dispersionsbeobachtungen von Rayleighwellen in den Alpen und im süddeutschen Raum finden KNOPOFF, MÜLLER und PILANT (1966), daß die Phasengeschwindigkeit vom Azimuth der einfallenden Welle abhängen. Der Stationsabstand beträgt hierbei mehr als 200 km.

Sie finden eine Korrelation zwischen der Phasengeschwindigkeit und der Änderung der Krustenmächtigkeit nach den

Angaben der Refraktionsseismik und Gravimetrie. Nun nimmt man aber gerade in dem Gebiet der Alpen eine starke laterale Veränderlichkeit der Krustenmächtigkeit an, so daß der Meßabstand von über 200 km möglicherweise zu groß ist, um die lokale Phasengeschwindigkeit messen zu können. Unter diesen Umständen darf man ohne weiteres eine Richtungsabhängigkeit der gemessenen Phasengeschwindigkeit erwarten, weil die Ausbreitung der Rayleighwelle im Zweidimensionalen vor sich geht. Bei einer zweidimensionalen Verteilung der Phasengeschwindigkeiten können durchaus mehrere Wege extremaler Laufzeit vorkommen. Man beobachtet dann das Interferenzsystem aller beteiligten Wellen, und es ist begreiflich, daß die resultierende Phasengeschwindigkeit von der Ausbreitungsrichtung abhängt. Aus diesem Grunde widersprechen diese Ergebnisse durchaus nicht der hier diskutierten Annahme, daß die Wellenausbreitung im Keil durch die Dispersionstheorie planparalleler Schichten approximiert werden kann.

KNOPOFF, BERRY und SCHWAB (1967) stellen fest, daß in einem Dreiecks-Stationsnetz die gemessene Phasengeschwindigkeit eine Funktion der gegenseitigen Lage der zur Auswertung verwendeten Stationen ist. Auch dieses Ergebnis wird verständlich, wenn man annimmt, daß nicht die lokale Phasengeschwindigkeit gemessen wurde, sondern ein Mittelwert.

Die bisherigen Ergebnisse über Rayleighwellen am Keil lassen sich wie folgt zusammenfassen:

1. Die Amplitudenabnahme der Rayleighwelle mit der Entfernung hängt von der Ausbreitungsrichtung ab.

2. Die Bahnkurve des Bodenteilchens bei der Rayleighwelle am Keil ist eine gegen die Keilgrenzflächen geneigte Ellipse.

3. Die örtliche Phasengeschwindigkeit ist innerhalb experimentell bedingter Fehlergrenzen unabhängig von der Ausbreitungsrichtung der Welle.

4. Die Rayleighwelle in einem Keil mit kleinem Öffnungswinkel verhält sich in ihrer lokalen Phasengeschwindigkeit sehr ähnlich wie in einer Platte von der Dicke der örtlichen Keilweite. Daher kann man die für planparallele Platten gültige Dispersionstheorie für die Wellenausbreitung am Keil heranziehen, um eine Näherung zu erhalten. Abweichungen hiervon sind klein, solange der Keilöffnungswinkel klein ist.

2. Grundlage und Ziel dieser Arbeit.

Zweifellos ist die näherungsweise Beschreibung des Keiles durch planparallele Platten für Abschätzungen außerordentlich nützlich. Umso dringender ist es erforderlich zu wissen, welche Eigenschaften der Wellen am Keil damit erfaßt werden und welche nicht. Darüber geben die aufgeführten Literaturhinweise keine erschöpfende Auskunft. Es ist daher das wichtigste Anliegen dieser Arbeit, weitere Folgerungen aus dieser Approximation zu ziehen, die für die Seismik von Bedeutung sein können.

Die vorliegende Arbeit behandelt ausführlich nur den einfachsten Fall, die Ausbreitung der Rayleighwelle an einem Keil mit kleinem Öffnungswinkel in Luft. Schon die Überlegungen an diesem einfachen Modell lassen Schlüsse von großer Allgemeinheit zu. Sie können unter geringen Abwandlungen auf kompliziertere Strukturen übertragen werden. Die Arbeit baut auf einer Publikation des Verfassers (1966) auf. In dieser Arbeit werden modellseismisch die Ergebnisse von KUO und THOMPSON bestätigt, jedoch wird das Hauptaugenmerk auf die Interpretation der Signalform gelegt. Weil die lokale Phasengeschwindigkeit sich mit dem Ort ändert, verformt sich das Signal in charakteristischer Weise beim Durchlaufen des Keiles. Diese Erscheinungen werden in der zitierten Arbeit nur qualitativ mit Hilfe der Dispersionstheorie planparalleler Schichten interpretiert. In dieser Arbeit jedoch erfolgt nach einer Diskussion der Meßergebnisse eine quantitative Formulierung der damit beschriebenen Näherung.

3. Zusammenfassung.

Zunächst wird das Meßverfahren und die Voraussetzungen für die Messungen an zweidimensionalen Modellen besprochen. Dann erfolgt eine Diskussion der Ausbreitungsmechanismen der Rayleighwelle an Seismogrammbeispielen. Die Auswertung der Geschwindigkeiten zeigt, daß die Rayleighwelle bei Annäherung an die Keilachse in einen zur Winkelhalbierenden symmetrischen und antisymmetrischen Anteil zerfällt. Die erhaltenen Signale sehen völlig anders aus als diejenigen an einer planparallelen Platte. Die Signalform ist eine Funktion von Anregungsort, Beobachtungsort und vom zurückgelegten Weg. Hierin unterscheiden sich die Verhältnisse von denen an einer planparallelen Platte.

Im zweiten Teil der Arbeit wird eine Näherungslösung entwickelt für den Fall, daß die Wellenausbreitung sich in einem begrenzten Teil des Keiles kaum von der in einer planparallelen Platte unterscheidet. Unter dieser Annahme wird eine Lösung der Wellengleichung aufgestellt, die in unmittelbarer Umgebung der Keilachse eine sehr gute Übereinstimmung mit den Meßergebnissen ergibt. Eine weitere Näherungsrechnung, gültig für große Entfernungen von der Keilachse, stimmt in den Laufzeiten und der Signalform, nicht aber in den Amplituden mit den experimentellen Ergebnissen überein.

Die Berechnung der Spannungen an den Grenzflächen beweisen jedoch, daß die Randbedingungen in guter Näherung erfüllt sind, solange der Keilöffnungswinkel 5° nicht stark überschreitet. Dieser Nachweis berechtigt dazu, die Keilwellen als weitgehend abgeschlossene Systeme zu betrachten. Die Näherung wird daher durch Anwendung des Energieerhaltungssatzes verbessert. Die so verbesserten Ergebnisse lassen Schlußfolgerungen auf beide Komponenten des Verschiebungsvektors zu. Als numerisches Beispiel werden symthetische Seismogramme der beiden Komponenten der symmetrischen Welle vorgelegt. Laufzeiten, Amplituden und Bahnkurven dieser Welle stimmen gut mit den modellseismischen Ergebnissen überein. Einige Aspekte, die für die Auswertung von Dispersionsbeobachtungen von Rayleighwellen wichtig sind, werden an numerischen Beispielen diskutiert.

C. Modellseismische Untersuchungen

1. Apparatur und Meßverfahren.

Die verwendete modellseismische Apparatur des Institutes für die Physik des Erdkörpers der Universität Hamburg ist bereits in einigen Dissertationen (FUCHS 1965, KLUSSMANN 1966, GUHA 1966) ausführlich beschrieben worden. Daher soll ihre Arbeitsweise nur kurz erläutert werden. Hierzu wird auf das Blockschaltbild in Abbildung 2 hingewiesen.

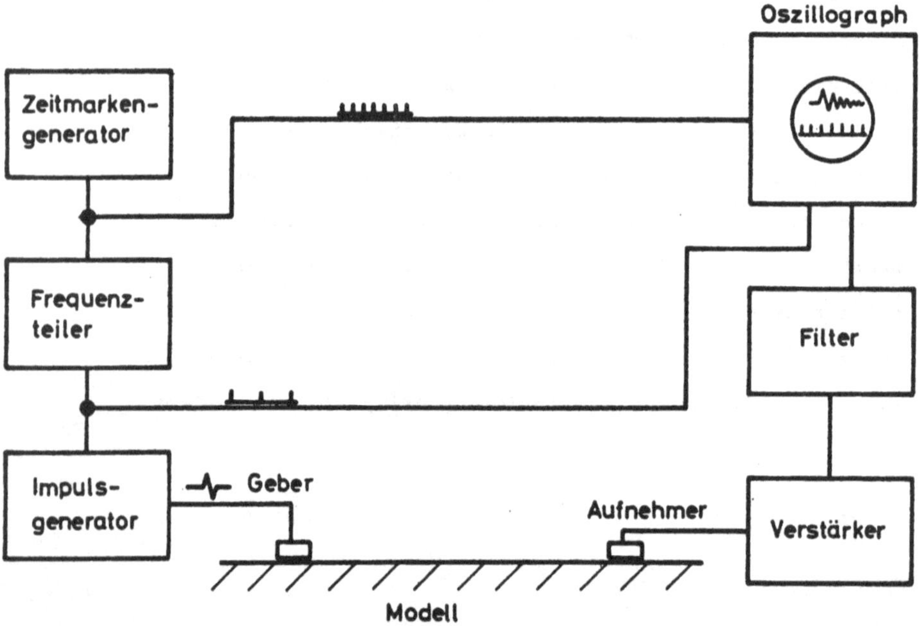

Abbildung 2. Blockschaltbild der modellseismischen Apparatur.

Figure 2. Block diagram of the model seismic devise

Ein quarzgesteuerter Zeitmarkengenerator erzeugt Zeitmarkensignale in Zeitabständen von 1 µsec. Die Amplituden betragen im allgemeinen 0.2V. Jede 10 000-te Zeitmarke jedoch erreicht eine Amplitude von 2V. Nur Signale von dieser Amplitude sind in der Lage, den nachgeschalteten Impulsgenerator zu steuern. Da die Folgefrequenz von 100Hz für die meisten Experimente in der Modellseismik zu hoch ist, um störungsfreie Seismogramme zu erhalten, erfolgt vorher eine Unterteilung der Frequenz auf wahlweise 50, 25 oder 12.5Hz. Der Impulsgenerator gibt elektrische Rechtecksignale von 0.1 bis 10 µsec variierbarer Dauer und einer Amplitude von 200V ab. Diese Spannung wird auf den piezoelektrischen Geber aus Bleizirkontitanat gegeben. Der Geber hat die Form einer kreisförmigen Scheibe von 1.8mm Dicke und 10mm Durchmesser. Er ist in seiner Längsrichtung polarisiert. Seine beiden Stirnflächen sind mit einem Silberbelag als Elektroden versehen. An seiner vorderen Stirnfläche ist er mit einer dünnen Vaseline-Schicht an das Modell angekoppelt. Eine Klemmvorrichtung sorgt für gleichbleibenden Andruck. Ein an der Rückseite angebrachter Messingstab hat die Aufgabe, das System mechanisch zu dämpfen. Bei dieser Art der Anregung erzeugt der Geber im Modell hauptsächlich P-Wellen in Richtung seiner Längsachse. Die im Modell erzeugten Wellen erreichen den Aufnehmer, der die mechanischen Signale in elektrische umwandelt. Dieser Aufnehmer, der ausführlich in einer Arbeit von GUTDEUTSCH und KOENIG (1965) beschrieben wird, ist besonders für Messungen auf der Oberfläche der Modellplatte geeignet. Die Modellplatte wird zu diesem Zwecke horizontal gelegt, wie Abbildung 3 darstellt, und der Aufnehmer auf die Oberfläche der Platte gestellt.

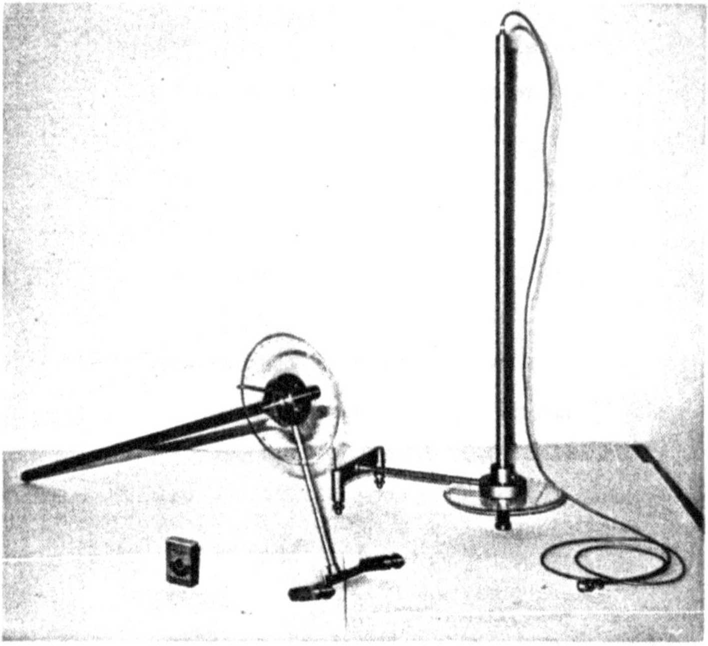

Abbildung 3. Modellseismischer Aufnehmer

Figure 3. Model seismic receiver

Eine solche Messung gibt Einblicke in die Wellenausbreitung im "Inneren" des Wellenleiters, wogegen eine Messung an der Kante einer Registrierung an der "Oberfläche" entspricht. Der Aufnehmer arbeitet auch nach dem piezoelektrischen Prinzip und gestattet, die beiden Verschiebungskomponenten u_1 und u_2 (vgl.Absatz C.2 "Zweidimensionale Modelle") in der Plattenebene zu messen.

Das vom Aufnehmer abgegebene elektrische Signal wird nach Verstärkung und geeigneter Filterung auf die Vertikalablenkung eines zweistrahligen Kathodenstrahloszillographen gegeben. Die Zeitmarke triggert mit einer Folgefrequenz von 100, 12.5, 50 oder 25Hz die Horizontalablenkung und wird selbst auf die zweite Spur gegeben. Man erhält auf dem Bildschirm das stehende Bild des Seismogrammes mit einer Zeitmarke. Die Ablesegenauigkeit beträgt 0.5µsec im Zeitmaßstab und 5% im Amplitudenmaßstab.

2. Zweidimensionale Modelle

Für die Versuche wurden sogenannte "zweidimensionale Modelle" benutzt (vgl.OLIVER, EWING und PRESS 1954). Unter solchen Modellen versteht man Platten, deren Dicke $2\overline{H}$ viel kleiner als die dominierende Wellenlänge sein muß. Nach GUTDEUTSCH und MENZEL (1967) kann man diese Bedingung dahingehend präziser formulieren, daß der Ausdruck $(k\overline{H})^2$ (k=Wellenzahl) im Rahmen der Meßgenauigkeit für die Ausbreitungsgeschwindigkeiten und Amplituden vernachlässigbar klein sein soll. Im Gegensatz zu den früheren in der Literatur angegebenen Ableitungen der Theorie zweidimensionaler Modelle (FILON 1903, OLIVER, EWING und PRESS 1954, HANDBUCH DER PHYSIK 1960, sowie zahlreiche weitere Veröffentlichungen vor 1967) folgt daraus, daß die Spannungen nicht nur an den Grenzflächen, sondern auch im Inneren der Platte gleich Null zu setzen sind. Dieses gilt für beide, Normal- und Tangentialspannungen. Entsprechend dem Ansatz von OLIVER, EWING und PRESS werden nur zur Plattenmittelebene spiegelsymmetrische Verschiebungsfelder in Betracht gezogen.

Wir betrachten eine Platte der Dicke $2\overline{H}$, den elastischen Parametern λ und μ und der Dichte ρ. Ein kartesisches Koordinatensystem sei so in der Platte orientiert, daß die 1-2-Ebene in der Plattenmittelebene liegt und die Grenzflächen durch $x_3=\pm\overline{H}$ festgelegt sind. Die Spannungs-Dehnungsbeziehungen lauten:

$$\sigma_{ij} = \lambda\delta_{ij}\frac{\partial u_k}{\partial x_k} + \mu\left(\frac{\partial u_i}{\partial x_j} + \frac{\partial u_j}{\partial x_i}\right) . \tag{2}$$

Entsprechend den Voraussetzungen sollen σ_{33}, σ_{23} und σ_{13} überall in der Platte verschwinden.

$$\sigma_{33} = \sigma_{13} = \sigma_{23} = 0. \tag{3}$$

Aus (2) wird dann

$$\mu\left(\frac{\partial u_3}{\partial x_1} + \frac{\partial u_1}{\partial x_3}\right) = 0 \tag{4}$$

$$\mu\left(\frac{\partial u_2}{\partial x_3} + \frac{\partial u_3}{\partial x_2}\right) = 0 \tag{5}$$

$$\mu\left(\frac{\partial u_1}{\partial x_2} + \frac{\partial u_2}{\partial x_1}\right) = \sigma_{12} \tag{6}$$

$$(\lambda+2\mu)\frac{\partial u_2}{\partial x_2} + \lambda\left(\frac{\partial u_1}{\partial x_1} + \frac{\partial u_3}{\partial x_3}\right) = \sigma_{22} \tag{7}$$

$$(\lambda+2\mu)\frac{\partial u_1}{\partial x_1} + \lambda\left(\frac{\partial u_2}{\partial x_2} + \frac{\partial u_3}{\partial x_3}\right) = \sigma_{11} \tag{8}$$

$$(\lambda+2\mu)\frac{\partial u_3}{\partial x_3} + \lambda\left(\frac{\partial u_1}{\partial x_1} + \frac{\partial u_2}{\partial x_2}\right) = \sigma_{33} = 0 \tag{9}$$

Durch Umformung von Gleichung (9) erhält man

$$\frac{\partial u_3}{\partial x_3} = \frac{\lambda}{\lambda+2\mu}\left(\frac{\partial u_1}{\partial x_1} + \frac{\partial u_2}{\partial x_2}\right) \tag{9a}$$

Gleichung (9a) in die Gleichungen (7) und (8) eingesetzt ergibt

$$\sigma_{11} = \lambda'\left(\frac{\partial u_1}{\partial x_1} + \frac{\partial u_2}{\partial x_2}\right) + 2\mu\frac{\partial u_1}{\partial x_1} \tag{10}$$

$$\sigma_{22} = \lambda'\left(\frac{\partial u_2}{\partial x_2} + \frac{\partial u_1}{\partial x_1}\right) + 2\mu\frac{\partial u_1}{\partial x_1} \tag{11}$$

mit

$$\lambda' = \frac{2\mu\lambda}{\lambda+2\mu}$$

Die Wellengleichungen

$$\rho\ddot{u}_i = \frac{\partial\sigma_{ij}}{\partial x_j}$$

lauten ausgeschrieben

$$(12)\qquad \rho\ddot{u}_1 = \frac{\partial\sigma_{11}}{\partial x_1} + \frac{\partial\sigma_{12}}{\partial x_2}$$

$$(13)\qquad \rho\ddot{u}_2 = \frac{\partial\sigma_{12}}{\partial x_1} + \frac{\partial\sigma_{22}}{\partial x_2}$$

$$(14)\qquad \rho\ddot{u}_3 = 0$$

Gleichung (14) bedeutet nicht etwa, daß u_3 gleich Null ist, sondern lediglich, daß $\ddot{u}_3$ von höherer Ordnung als $(k\overline{H})^1$ ist, und daher vernachlässigt werden muß. Die exakte Rechnung ergibt, daß für die Plattenwelle u_3 nicht verschwindet, sondern dem Wert $u_3=k\overline{H}\sqrt{u_1^2+u_2^2}$ $(x_3=\overline{H})$ zustrebt.

Die Gleichungen (12) und (13) besitzen für eine in der 1-2-Ebene unendlich ausgedehnte Platte zwei Lösungen. Eine von ihnen stellt die "Plattenwelle" dar, welche mit der Geschwindigkeit

$$a' = \sqrt{\frac{\lambda'+2\mu}{\rho}}$$

fortschreitet. a' ist bei dem häufig vorkommenden Fall $a^2=3b^2$ um etwa 5% kleiner als die P-Geschwindigkeit a. Die Plattenwelle bildet das Analogon zur dreidimensionalen P-Welle. Die andere Lösung führt auf eine in der 1-2-Ebene polarisierte S-Welle mit der Geschwindigkeit $b=\sqrt{\frac{\mu}{\rho}}$. Wenn die Platte durch eine Ebene parallel der 3-Achse abgeschnitten wird, entsteht eine Kante. Diese Kante bildet das zweidimensionale Analogon zu einer Grenzfläche im dreidimensionalen. An der Kante kann sich eine zweidimensionale Rayleighwelle analog der dreidimensionalen Rayleighwelle ausbreiten. Man kann zeigen, daß sie in fast allen Kennzeichen ganz der Rayleighwelle im dreidimensioalen entspricht (OLIVER, EWING und PRESS 1954). Ihre Geschwindigkeit kann aus der Formel

$$\left(\frac{c_r}{b}\right)^6 - 8\left(\frac{c_r}{b}\right)^4 + c_r^2\left(\frac{24}{b^2} - \frac{16}{a'^2}\right) - 16\left(1-\frac{b^2}{a'^2}\right) = 0$$

bestimmt werden. Mit $a'^2=3b^2$ erhält man als einzige Lösung dieser Gleichung die auf eine "Oberflächenwelle" führt:

$$c_r = 0{,}9194b$$

Im Gegensatz zur Rayleighwelle im dreidimensionalen schreitet die "Rayleighwelle" in einem zweidimensionalen Modell ohne Amplitudenänderung mit der Entfernung fort.

D. Meßergebnisse

1. Vorbereitung zur Interpretation der Meßergebnisse.

Um das Verständnis der nachfolgenden Darstellung zu erleichtern, sollen vorweg einige wichtige Ergebnisse über die Rayleighwelle zusammengefaßt werden.

Wir betrachten einen homogenen, idealelastischen, isotropen Halbraum.An seiner Oberfläche möge - beispielsweise durch eine Sprenung - eine kurzzeitige, örtlich begrenzte Störung der elastischen Spannungen erfolgen. Diese Störung pflanzt sich in Form elastischer Wellen in die Umgebung fort.
Bei Registrierung an der Oberfläche in einiger Entfernung erhält man dann ein Seismogramm, das drei deutliche Einsätze enthält.

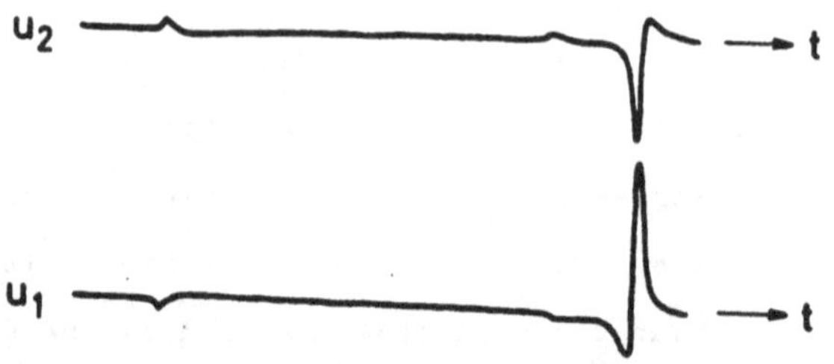

Abbildung 4. Synthetische Seismogramme zur Wellenausbreitung am isotropen, homogenen und elastischen Halbraum nach LAMB

Figure 4. Synthetic seismograms of wave propagation on an isotropic homogeneous elastic half-space after LAMB

Abbildung 4 zeigt Horizontal- und Vertikalkomponenten u_1 und u_2 des Verschiebungsvektors am Beobachtungspunkt nach der Berechnung von LAMB (1904). Der erste Einsatz rührt von der P-, der zweite von der S- und der dritte von der Rayleighwelle her. Bei Beobachtungen an der Oberfläche tritt die Rayleighwelle mit der größten Amplitude auf. Ihr Mechanismus ist von LORD RAYLEIGH (1889) zum ersten Male beschrieben worden. Als Oberflächenwelle ist sie dadurch gekennzeichnet, daß ihre Amplitude exponentiell mit dem Abstand zur Oberfläche abnimmt, und zwar umso rascher, je kürzer die Wellenlänge ist. Nach SOMMERFELD (1947) ist das als ein Zeichen dafür zu betrachten, "... daß es sich hier um einen Vorgang handelt, der auf die nächste Umgebung der Oberfläche beschränkt bleibt und nur durch die hier vorhandene Diskuntinuität der elastischen Konstanten möglich wird... . An der Oberfläche ist der elastische Zwang geringer, das Ausweichen leichter als im Inneren des Materials. Daher die geringere Geschwindigkeit der Oberflächenwelle gegenüber den Raumwellen."
Die Tiefe, in der die Amplitude auf 1/e abklingt, beträgt etwa 1/6 der Wellenlänge.
An der Oberfläche beschreibt das Bodenteilchen beim Durchgang der Rayleighwelle eine retrograd durchlaufene Ellipse, deren große Halbachse senkrecht auf der Grenzfläche steht. Das Achsenverhältnis beträgt etwa 1,4.Wie sich die Amplituden u_1 und u_2 im Inneren verhalten, ist theoretisch und experimentell untersucht worden (z.B.Rayleigh 1889, STEINBECK 1965, SORGE 1965).
Nach der Theorie besteht die Rayleighwelle aus Kompressions- und Scheranteilen. Man darf sie daher als einen Inter-

ferenzvorgang interpretieren. Es ist nicht leicht, sich einen solchen Interferenzvorgang mit den herkömmlichen Vorstellungen anschaulich klarzumachen, zumal bekannt ist, daß die Rayleighwelle allein die Randbedingungen befriedigt. Sie benötigt zu ihrem Fortbestehen keine fortlaufende Energieversorgung durch Umwandlung von Raumwellen. Die Frage, in welcher Hinsicht die Rayleighwelle physikalisch als eine selbständige Welle angesehen werden darf, wird häufig gestellt, jedoch sind die Auffassungen darüber unter den Seismologen geteilt. Meiner Auffassung nach können Raum- und Rayleighwellen nicht unabhängig voneinander sein, da sie durch die Anfangsbedingungen und Randbedingungen, d.h. durch den Anregungsvorgang miteinander zusammenhängen.

Bei den Seismogrammen in Abbildung 4 gewinnt man den Eindruck, daß nach dem Eintreffen der Scherwelle die Amplituden stetig in die Rayleighwelle übergehen. Dieser Eindruck kann nicht durch die Tatsache erklärt werden, daß es sich hier nur um das gerechnete Beispiel einer Theorie handelt. Modellseismische Registrierung mit einem kapazitiven Aufnehmer zeigen etwa das gleiche Bild (ANSORGE 1964). Ein kapazitiver Aufnehmer gestattet besonders genaue Messungen der Signalform, weil Möglichkeiten der mechanischen Eigenschwingungen im Empfangssystem wegfallen.

Rayleighwellen entstehen auch dann, wenn sich die seismische Quelle nicht an der Erdoberfläche, sondern im Inneren befindet. Ihre Amplitude, verglichen mit der Amplitude der Raumwellen, nimmt mit der Tiefe des Herdes ab. So werden z.B. von sehr tiefen Erdbeben keine Rayleighwellen mit merklicher Amplitude erzeugt.

NAKANO (1925) und NEWLANDS (1952) berechnen die sekundären Wellen, welche durch eine primäre P- und S-Kugelwelle erzeugt werden. Der Ursprungsort der primären Welle liegt im Inneren des elastischen Halbraumes. Sie finden, daß der Einfallswinkel der primären Welle auf die Grenzfläche einen bestimmten kritischen Wert überschreiten muß, damit Rayleighwellen entstehen können. Die Laufzeit der Rayleighwelle ist gleich der theoretischen Laufzeit vom Epizentrum zum Beobachtungsort. Hiermit ergibt sich die äußerst merkwürdige Tatsache, daß die Gesamtlaufzeit unabhängig von der Herdtiefe ist. Die Amplitude der Rayleighwelle ist auch eine Funktion des Herdmechanismus. HARKREIDER (1964) brechnet sie bei Vorgabe von bestimmten Konfigurationen von Kräftepaaren als Herdmechanismen. Die Frequenzabhängigkeit dieser Amplituden wird von KNOPOFF und SCHWAB (1968) weiter untersucht. Die Entstehung von Rayleighwellen entweder durch primäre Raumwellen oder durch bestimmte Herdmechanismen kann durch die Theorie ebener Wellen nicht beschrieben werden. SAVARENSKI und KIRNOS (1960) interpretieren sie im ersten Falle durch die Krümmung der primären Wellenfront. Für den zweiten Fall - der Vorgabe von Herdmechanismen - ist diese Interpretation von fraglichem Wert.

Für die nachfolgende Interpretation ist es wichtig, sich klarzumachen, was geschieht, wenn die Rayleighwelle durch das Vorhandensein einer zusätzlichen Grenzfläche beeinflußt wird. Allgemein hat man festgestellt, daß die Randbedingungen an dieserneuen Grenzfläche durch die Entstehung von sekundären P-, S- und Rayleighwellen erfüllt werden. Diese Tatsache ist experimentell vielfach belegt worden (TAKAGI 1956, KATO und TAKAGI 1961, DE BREMAECKER 1958, LAPWOOD 1961, KNOPOFF und GANGI 1960). Wenn die Oberfläche einen schwachen Knick aufweist, also ein stumpfer Keil vorliegt, wird die Keilachse zum Ursprungsort sekundärer Raum- und Rayleighwellen. Hier sind die Verhältnisse deshalb noch übersichtlich, weil die sekundären Wellen nur wenig von der ersten Grenzfläche beeinflußt werden. Wir kennen heute schon eine ganze Reihe von Methoden der theoretischen Bearbeitung, die relativ gute Näherungslösungen liefern. Diese Näherungen sind umso besser, je weniger der Keil vom Halbraum abweicht, also je stumpfer der Keil ist (KANE und SPENCE 1963, KNOPOFF und GANGI 1960, PILANT, KNOPOFF und SCHWAB 1964, MAL und KNOPOFF 1965,1966). Bei spitzwinkeligen Keilen muß man in Betracht ziehen, daß die primäre Rayleighwelle schon vor ihrem Eintreffen auf die Keilachse Sekundärwellen an der zweiten Grenzfläche erzeugt. Die Folge davon ist, daß die sekundären Wellen wiederum von der ersten Grenzfläche beeinflußt werden. In diesem Falle müssen tertiäre Wellen entstehen usw. Begreiflicherweise wird das entstehende System von Raum- und Oberflächenwellen sehr unübersichtlich sein. Es wird eine Vielzahl von Wellen interferieren, und dieses Interferenzsystem wird außerdem vom Ort abhängen. Es gibt jedoch einen Grenzfall, bei dem wieder sehr einfache Bedingungen vorliegen:Wenn der Keil so spitz zuläuft, daß er über einen weiten Bereich hin als Platte mit parallelen Grenzflächen angesehen werden kann. Die Wellenausbreitung an einer solchen Platte ist schon von LORD RAYLEIGH erstmalig theoretisch behandelt worden. In einer Dispersionsgleichung läßt sich die Phasengeschwindigkeit c als Funktion von kH (H = halbe Plattendicke, k = Wellenzahl) angeben. Alle Verschiebungsfelder lassen sich durch die Superposition eines zur Mittelebene symmetrischen und eines antisymmetrischen Mechanismus darstellen. Die begrifflich etwas unpräzisen Attribute "symmetrisch" und antisymmetrisch" sollen hier gebraucht werden, weil sie allgemein in der Literatur Eingang gefunden haben. Sie werden z.B. in EWING, JARDETZKY und PRESS: "Elastic waves in layered media" Seite 283 ff. für die Schwingungsarten einer Platte definiert. Die Dispersionskurven der nullten Ordnung werden in Abbildung 5 für die symmetrische Plattenwelle (c_s) und die antisymmetrische Plattenwelle (c_{an}) wiedergegeben.

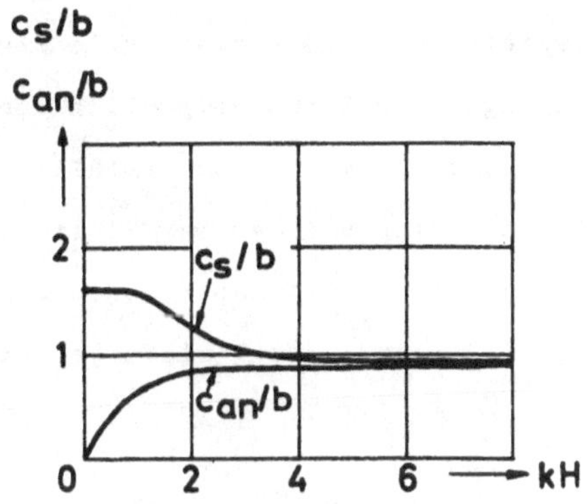

Abbildung 5. Dispersionskurven der symmetrischen und antisymmetrischen Plattenwelle c_s und c_{an}

Figure 5. Dispersion curves of the symmetrical and antisymmetrical plate waves c_s and c_{an}

Hierbei beträgt $a^2=3b^2$. Aus den Dispersionskurven kann man ablesen, daß für sehr große Werte von kH sich Rayleighwellen an den Grenzflächen unabhängig voneinander ausbreiten können, weil annähernd Halbraumbedingungen vorliegen.

Bei kleinerem kH erzeugt die Rayleighwelle der einen Grenzfläche auf der gegenüberliegenden Grenzfläche sekundäre Wellen, die sekundären Wellen tertiäre Wellen usw. Die Amplituden dieser Wellen sind umso größer, je kleiner der Abstand der Grenzflächen ist. Die Überlagerung aller dieser Wellen ergibt ein Interferenzsystem, das mit Dispersion fortschreitet. Für kleine kH geht c_s in die Geschwindigkeit der in Absatz C.2. diskutierten Plattenwelle über.

(15) $$a' = 2b\sqrt{1-b^2/a^2}$$

c_{an} geht in die Geschwindigkeit der "Biegewelle" über.

(16) $$c_b = \sqrt{3}\, a'kH \; .$$

An sehr dünnen Platten kann man nachweisen, daß das Bodenteilchen bei der symmetrischen Plattenwelle vorwiegend longitudinale Bewegungsfiguren beschreibt. Die Biegewelle dagegen besitzt eine vorwiegend transversale Bewegungsform, wobei die Bedingung einer Biegung, nämlich die Erhaltung des Plattenquerschnittes umso besser erfüllt ist, je dünner die Platte ist. Augenblicksbilder der Platte beim Durchgang einer symmetrischen bzw. antisymmetrischen Plattenwelle werden in den Abbildungen 6 und 7 wiedergegeben.

Abbildung 6. Augenblicksbild der antisymmetrischen Plattenwelle (Amplituden stark überhöht)

Figure 6. Instantaneous picture of antisymmetric plate wave (amplitudes are exaggerated)

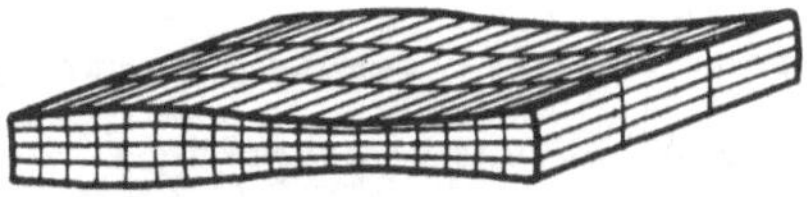

Abbildung 7. Augenblicksbild der symmetrischen Plattenwelle (Amplituden stark überhöht)
Figure 7. Instantaneous pictures of symmetric plate wave (amplitudes are exaggerated)

Seismogrammbeispiele für beide Typen der Plattenwellen finden sich in den später folgenden Abbildungen 25 und 29.

2. Beschreibung des Modelles.

Das Modell, eine Aluminiumplatte von 3mm Dicke, hat die Form eines gleichschenkeligen Dreiecks mit den Seitenlängen von 200cm und dem Öffnungswinkel von 5°. In Abbildung 8 befindet sich eine maßstäbliche Skizze mit den Bezeichnungen der benutzten Begriffe.

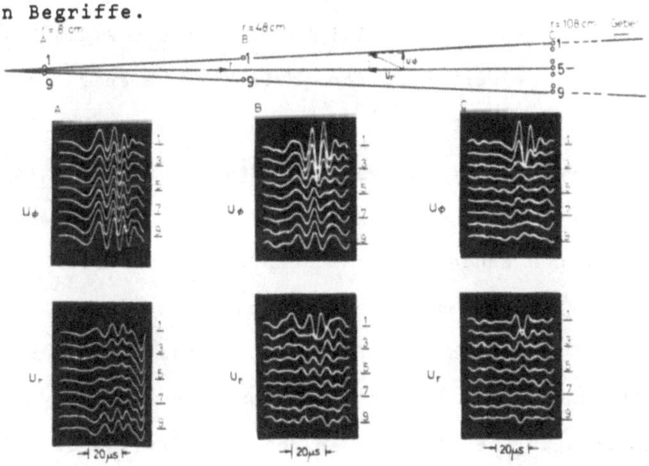

Abbildung 8. Entstehung der Keilwellen aus der Rayleighwelle.
Figure 8. Generation of wedge waves by Rayleigh waves

Die Symmetrieebene wird mit "Winkelhalbierende" bezeichnet. r bedeutet den Abstand zur Keilachse. u_r und u_ϕ stellen die negative Radial- bzw. Azimutal-Komponente des Verschiebungsvektors dar. Die beiden Schenkel des Keiles werden mit "oberer Grenzfläche" und "unterer Grenzfläche" bezeichnet.

3. Beschreibung der Seismogramme

Um einen Überblick darüber zu gewinnen, wie sich Gestalt und Amplitude der Rayleighwelle beim Durchlaufen des Keiles verändern, wurden die in Abbildung 8 dargestellten Seismogramme aufgenommen. Die Art der Registrierung ist aus der Beschriftung zu ersehen. Am Anregungsort beträgt der Abstand der Grenzflächen etwa 15cm und ist etwa 5mal so groß wie die dominierende Wellenlänge. Es liegen daher fast Halbraumbedingungen vor. Auch bei r=108cm ist das noch der Fall, wie die Komponentenregistrierung zeigt. Hier wird die Rayleighwelle durch das Vorhandensein der unteren Grenzfläche kaum beeinflußt. Wenn die Rayleighwelle auf die Keilachse zuläuft, verkleinert sich der Abstand der Grenzflächen immer mehr. Bei r=48cm beträgt er nur noch 4cm, macht also 1,5 Wellenlängen aus. Die Registrierung bei dieser Entfernung zeigt bereits ein dispergierendes Signal. Seine ϕ-Komponente ist über den ganzen Keilquerschnitt hin mit starken Amplituden vorhanden.Bemerkenswert ist, daß in der Nähe der unteren Grenzfläche das Signal eine Phasenverzögerung erfährt. u_r dagegen läßt keine Unterschiede im Vergleich zur Registrierung bei r=108cm erkennen. Bei r=8cm ist die Wellenlänge etwa um den Faktor 4 größer als die örtliche Keilweite. Es hat sich ein Interferenzsystem herausgebildet, das überhaupt keine Ähnlichkeit mehr mit dem Signal in der

Nähe des Anregungsortes hat. Dieses System stellt im ersten Teil des Seismogrammes einen zur Winkelhalbierenden antisymmetrischen und im zweiten Teil einen antisymmetrischen Mechanismus dar. Diese Meßergebnisse stehen sehr wohl mit der Vorstellung im Einklang, nach der die Rayleighwelle, sobald sie von der unteren Grenzfläche beeinflußt wird, neue Wellen erzeugt, mit denen sie gemeinsam das beobachtete Interferenzsystem aufbaut.

Die interessanten Vorgänge in der Nähe der Keilachse sollen jetzt genauer betrachtet werden. Abbildung 9 zeigt weitere Seismogramme, die bei Anregung an der oberen Grenzfläche erhalten wurden. In der zitierten Arbeit des Verfassers (GUTDEUTSCH 1966) wird von zwei charakteristischen Wellen berichtet, die in der Nähe der Keilachse auftreten, der vorwiegend longitudinal polarisierten L-Welle und der vorwiegend transversal polarisierten B-Welle. Sie unterscheiden sich in Signalform und Ausbreitungsgeschwindigkeit.

Aus den genannten Ergebnissen geht weiterhin hervor, daß beide Wellen auf der Winkelhalbierenden fast linear polarisiert sind. Hier verschwinden die r-Komponente der B-Welle und die ϕ-Komponente der L-Welle praktisch völlig. Daher wurden Messungen auf der Winkelhalbierenden durchgeführt, um die beiden Wellen getrennt voneinander beobachten zu können. Auf der linken Bildhälfte von Abbildung 9 wird u_r dargestellt. Sie enthält das als L-Welle bezeichnete Signal, das bei r=25cm die Form eines Schwindungszuges wachsender Periode und Amplitude besitzt. Bei Annäherung an die Keilachse verschwinden die kurzperiodischen Vorläufer, und man erhält schließlich ein einziges kräftiges

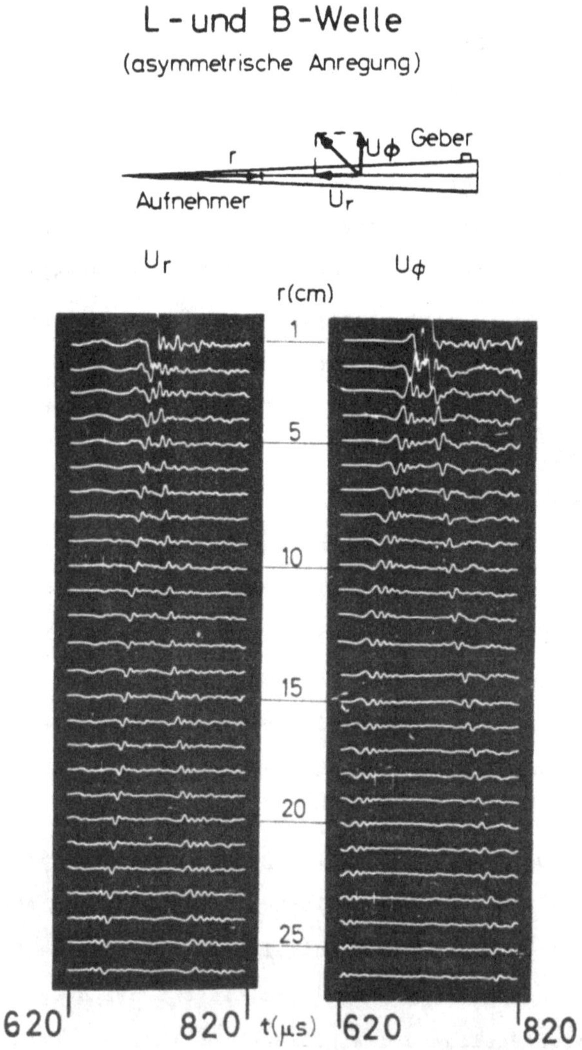

Abbildung 9. L- und B-Welle bei asymmetrischer Anregung.
Figure 9. L- and B-waves generated by asymmetric excitation

Signal in der Form einer vollen Sinusschwingung. Seine Amplitude vergrößert sich mit dem Laufweg. An der Keilachse erfolgt Reflexion. Das reflektierte Signal zerfällt auf dem Laufweg in einen Schwingungszug abnehmender Amplitude und Periode. Wenn man in den Seismogrammen die Zeitabszisse t um den Betrag der Reflexionszeit t_r=640 µsec nach rechts verschiebt, findet man etwas Merkwürdiges: Die reflektierte L-Welle gleicht dem um den Koordinatenursprung $t'=t-t_r$ gespiegelten einfallenden L-Signal.
Das rechts dargestellte Seismogramm zeigt die Komponente u_ϕ. Man erkennt, daß das hier aufgezeichnete Wellensystem, die B-Welle, mit einer kleineren Geschwindigkeit als die L-Welle fortschreitet.Es zeigt starke Dispersion. Seine Amplitude nimmt ähnlich wie bei der L-Welle mit Annäherung an die Keilachse zu. Die B-Welle hat die Form einer Sinusschwingung mit abnehmender Amplitude und Periode. Das an der Keilachse reflektierte Signal hat eine andere Form als das einfallende. Seine Amplitude ist kleiner.

Um zu untersuchen, wie die Amplituden der L- und B-Welle von den speziellen Anregungsbedingungen abhängen, wurden weitere Messungen durchgeführt, bei denen der Keil auf seiner Winkelhalbierenden, also symmetrisch angeregt wurde. Das Ergebnis dieser Messungen zeigt Abbildung 10. Man sieht sofort, daß die Amplitude der L-Welle im Vergleich zu Abbildung 9 viel größer ist als die der B-Welle. Es darf ohne weiteres erwartet werden, daß man durch optimale symmetrische Anbringung des Gebers die B-Welle sogar ganz zum Verschwinden bringen kann, wobei die L-Welle mit großen Amplituden erhalten bleibt. Hieraus folgt der wichtige

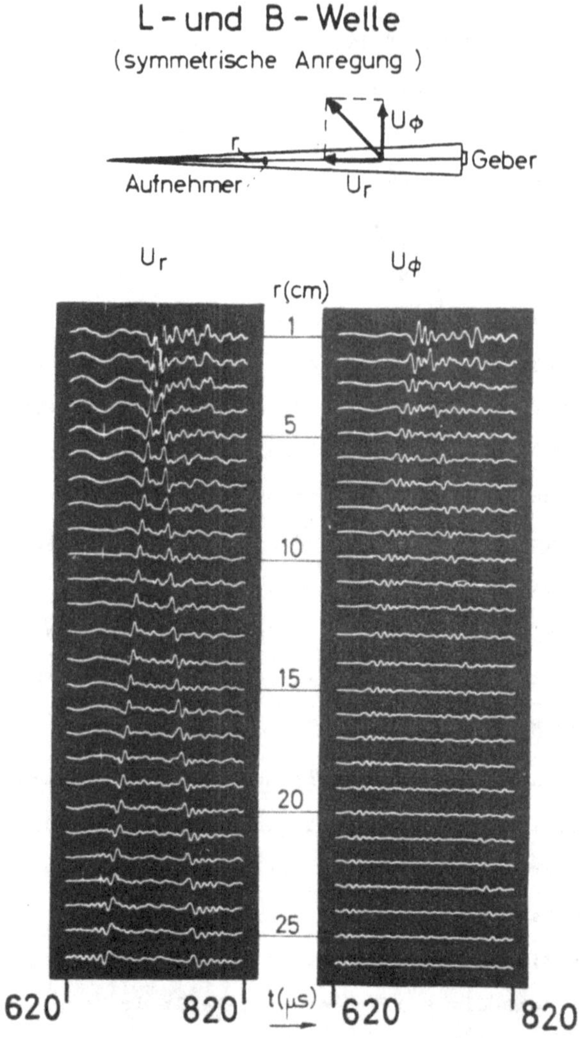

Abbildung 10. L- und B-Welle bei vorwiegend symmetrischer Anregung

Figure 10. L- and B-waves generated by almost symmetric excitation

Schluß, daß L- und B-Welle nur durch den Anregungsvorgang miteinander verknüpft sind. Ihr Amplitudenverhältnis ist unabhängig von den Ausbreitungsbedingungen im Keil. Daher müssen beide Wellen, unabhängig voneinander, die Randbedingungen befriedigen. Hierin zeigt sich bereits eine Analogie zu den Wellen an einer Platte mit parallelen Grenzflächen. Dort gibt es auch zwei Ausbreitungsmechanismen, einen symmetrischen und einen antisymmetrischen, die, abgesehen vom Anregungsmechanismus, unabhängig voneinander sind.

4. Laufzeitpläne

Abbildung 11 zeigt einen Laufzeitplan, in dem klar erkennbare Extremwerte der L- und B-Welle eingetragen sind. Anregung und Registrierung erfolgten in diesem Falle auf der oberen Grenzfläche.

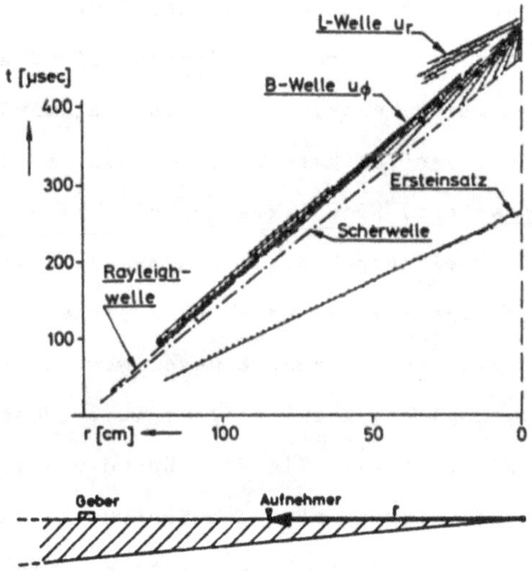

Abbildung 11. Laufzeitkurven der L- und B-Wellen
Figure 11. Travel time curves of L- and B-waves

Der Laufzeitplan von u_ϕ zeigt, wie sich aus einem dispersionsfreien Signal bei r=120cm das System der Keilwellen entwickelt. Unterhalb von r=90cm erhält die Rayleighwelle eine weitere spätere Phase, die bei r=72cm wieder verschwindet. Etwa in dieser Entfernung beginnt das Signal sich zu verformen, so daß neue Phasen mit großer Periode im Signalanfang entstehen. Man sieht, daß hieraus sich schließlich die B-Welle aufbaut. In der ϕ-Komponente war die L-Welle so schlecht zu erkennen,daß ihre Phasen nicht bestimmt werden konnten. Das ist begreiflich, weil sie vorwiegend longitudinal polarisiert ist. Die r-Komponente jedoch zeigt in der Nähe der Keilachse das typische Bild der L-Welle, allerdings in einem so kleinen Entfernungsbereich, daß keine Geschwindigkeitsmessung möglich war. Die Laufzeitkurven zeigen, daß B- und L-Welle gleichzeitig die Keilachse erreichen, obgleich sich ihre örtlichen Geschwindigkeiten stark voneinander unterscheiden. Ihre Laufzeit an der Keilachse ist gleich der theoretischen Laufzeit der Rayleighwelle. Dieses erstaunliche Resultat wird in der zitierten Arbeit des Verfassers (1966) wohl erwähnt, nicht aber interpretiert. Eine Erklärung wird sich aber im Verlauf dieser Arbeit ergeben. Im Laufzeitplan ist die theoretische Laufzeitgerade der Scherwelle eingetragen worden. Die Scherwelle selbst konnte wegen der Interferenz mit störenden Wellen nicht zuverlässig ermittelt werden. Das Bild zeigt, daß die B-Welle in der Nähe der Keilachse etwa zum Zeitpunkt des Durchganges der Scherwelle durch den Beobachtungspunkt entsteht. Es entsteht der Eindruck, daß die B-Welle sich als "eine Folge der Scherwelle entwickelt". Eine Interpretation soll hier nicht gegeben werden, vermutlich besteht jedoch ein Zusammenhang zwischen dieser Erscheinung und der Form der Rayleighwelle am Halbraum, die in Abbildung 4 diskutiert wurde. Dort fiel bereits auf, daß selbst bei Halbraumbedingungen die Rayleighwelle keinen scharfen Signalbeginn hat, sondern daß die Amplituden "... nach dem Eintreffen der Scherwelle stetig in die Rayleighwelle übergehen".

Die Laufzeiten derExtremwerte stellen keine Geraden dar, sondern schwach gekrümmte Kurven. Das kann man im Fall der B-Welle in Abbildung 11 erkennen. Für die L-Welle dagegen mußte eine Laufzeitmessung auf der Winkelhalbierenden wiederholt werden, weil nur dort eine störungsfreie Registrierung möglich war. Das Ergebnis, in Abbildung 12 wiedergegeben, zeigt die nach oben gekrümmten Laufzeitkurven der L-Welle, die hier stückweise durch Gerade angenähert wurden.

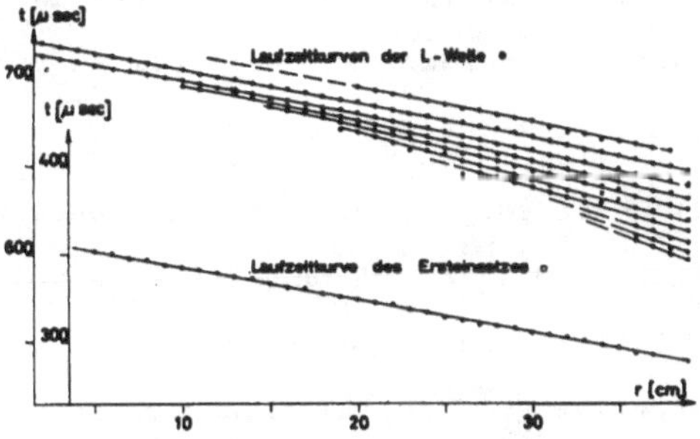

Abbildung 12. Laufzeitkurven der L-Welle und des Ersteinsatzes

Figure 12. Travel time curves of the L-wave and the first onset

Die Anregung erfolgte auf der Stirnfläche des Keiles auf der Winkelhalbierenden.

(Vgl. Abbildung 10)

5. Geschwindigkeitsmessungen

Im allgemeinen bilden die Keilwellen Schwingungszüge von mehreren vollen Perioden, wobei die Frequenz sich relativ langsam mit der Zeit ändert. Die mittlere Periode wurde daher nach einer Methode bestimmt, die in der Literatur auch mit "peak-and-trough"-Analyse bezeichnet wird (siehe z.B. SEIDL, MÜLLER und KNOPOFF 1966). Die Momentanperiode $T_{\bar{n}}$ der $\bar{n}$-ten Phase erhält man näherungsweise durch Auftragen der Laufzeiten der einzelnen Extremwerte für das Seismogramm als Funktion der Ordnungszahl $\bar{n}$. $T_{\bar{n}}$ ergibt sich als der doppelte Wert der Steigung

(17) $$T_{\bar{n}} = 2 \cdot dt_{\bar{n}}/d\bar{n} \;.$$

Um auf die Phasengeschwindigkeit $c_{\bar{n}}$ der dazugehörigen quasistationären Welle zu kommen, bestimmt man den Laufzeitunterschied einer Phase an benachbarten Stationen.

(18) $$c_{\bar{n}} = dx/dt_{\bar{n}} \;.$$

Die Laufzeitkurven zeigen, daß die Phasengeschwindigkeiten vom Ort abhängen. Wie bei KUO und THOMPSON soll daher der Begriff der "lokalen Phasengeschwindigkeit" für eine Sinuswelle verwendet werden, die in einem sehr eng begrenzten Bereich des Keiles als konstant angesehen werden kann. Man ist dann berechtigt, aus der Neigung der Laufzeitkurven in den Abbildungen 11 und 12 die lokale Phasengeschwindigkeit $c_{\bar{n}}$ nach Gleichung (18) zu bestimmen.
Man kann allgemein für dispergierende Wellen zeigen, daß der Energieschwerpunkt sich mit der über die beteiligten Wellenzahlen gemittelten Gruppengeschwindigkeit $d\omega/dk$

fortpflanzt. Als Mittelungsfunktion dient hier die Spektralfunktion der Energiedichte des Signales (MACKE 1962). Wenn das Signal nur wenig von einer Sinusschwingung abweicht, wie z.B. bei der B-Welle bei r=50cm, fällt der Energieschwerpunkt etwa mit dem Maximum der Einhüllenden des Signales zusammen. Man begeht keinen zu großen Fehler, wenn man die Geschwindigkeit dieses Maximums als Gruppengeschwindigkeit bezeichnet. Die Maxima der Einhüllenden sind in Abbildung 11 durch ausgefüllte Kreise angedeutet worden. Die Gruppengeschwindigkeit ändert sich bei der B-Welle mit dem Ort. Daher soll entsprechend der "lokalen Phasengeschwindigkeit" der Begriff "lokale Gruppengeschwindigkeit" für die Keilwellen verwendet werden.

In Abbildung 13 sind die lokalen Phasen- und Gruppengeschwindigkeiten der Keilwellen als Funktion von kH (H=halbe lokale Keilweite) aufgetragen worden. Die lokale Gruppengeschwindigkeit der L-Welle konnte nicht gemessen werden, weil die Einhüllende der Wellengruppe nicht festgelegt werden konnte. Die ausgezogenen Kurven stellen Dispersionskurven der symmetrischen Plattenwelle und der antisymmetrischen Plattenwelle für die halbe Plattendicke H dar. Die Abbildung zeigt, daß die lokalen Phasengeschwindigkeiten mit den Phasengeschwindigkeiten der symmetrischen und antisymmetrischen Plattenwelle übereinstimmen, sofern man von geringen, sicherlich meßtechnisch bedingten Abweichungen absieht. Auf dieses wichtige Ergebnis ist bereits in der oben zitierten Arbeit des Verfassers (1966) hingewiesen worden.

Die Analogie zwischen den Wellen am Keil und an der Platte liegen also auch bei den Geschwindigkeiten vor.

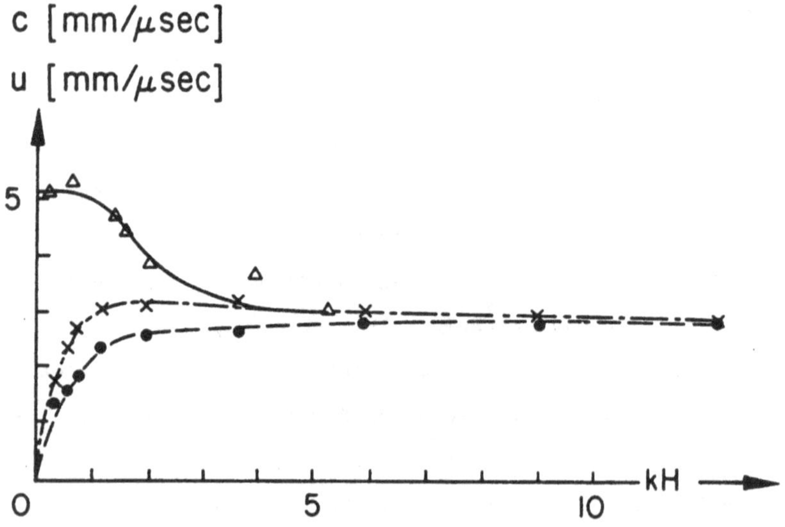

Abbildung 13. Gemessene lokale Phasengeschwindigkeiten der L-Welle (Dreiecke)
gemessene lokale Phasengeschwindigkeiten der B-Welle (ausgefüllte Kreise)
gemessene lokale Gruppengeschwindigkeiten der B-Welle (Kreuze)
Phasengeschwindigkeit der antisymmetrischen Plattenwelle - - - - -
Phasengeschwindigkeit der symmetrischen Plattenwelle ———
Gruppengeschwindigkeit der antisymmetrischen Plattenwelle -•-•-•-•-

Figure 13. Experimental local phase velocities of L-waves (triangles)
experimental local phase velocities of B-waves (round dots)
experimental local groupe velocities of B-waves (crosses)
phase velocities of antisymmetric plate waves - - - - -
phase velocities of symmetric plate waves ———
group velocities of antisymmetric plate waves -•-•-•-•-

6. Bahnkurven

Eine Bestimmung der Partikelbewegung für die L- und B-Welle ist nur dort durchführbar, wo beide Wellen weder von anderen Wellanrten überlagert werden, noch miteinander interferieren. Die Experimente ergaben, daß in unmittelbarer Umgebung der Keilachse zwar beide Wellen mit großen Amplituden vorkommen, doch folgen sie zeitlich so dicht aufeinander, daß eine getrennte Aufzeichnung unmöglich ist. Für sehr große r sind andererseits die Amplituden der L-Welle so klein, daß ihre Registrierung unzuverlässig wird. Nur bei r=21cm liegen günstige Verhältnisse vor, weil ein ausreichend großer Zeitabstand zwischen den beiden Wellen liegt, und außerdem die Amplituden von beiden ausreichend groß gegen den Störpegel sind. Die Komponentenmessung bei r=21cm wird in Abbildung 14 wiedergegeben. Beobachtet wurden hier die zur Keilachse laufenden Wellen.

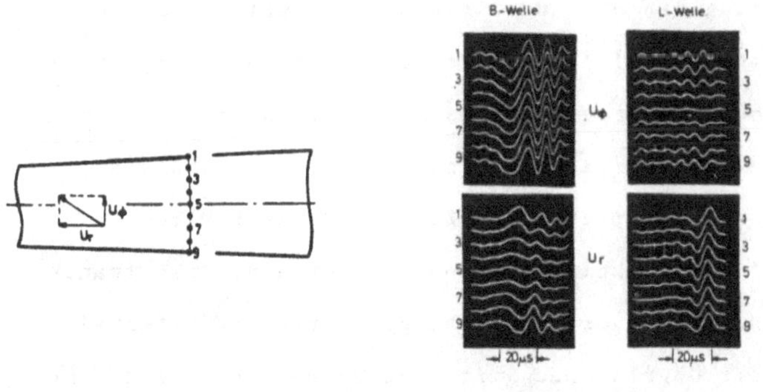

Abbildung 14. Komponentenregistrierung für r=21cm

Figure 14. Components of the wedge waves at r=21cm

B-Welle

Die Orbitalbewegung der B-Welle an den Meßpunkten 1, 5 und 9 wird in Abbildung 15 dargestellt.

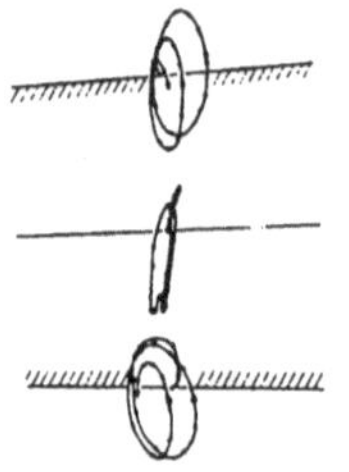

Abbildung 15. Bahnkurven der B-Welle für r=21 cm
Figure 15. Particle paths of the B-wave at r=21cm

An der oberen Grenzfläche beschreibt das Bodenteilchen wie bei der Rayleighwelle eine retrograd durchlaufene Ellipse. An der unteren Grenzfläche liegt der umgekehrte Drehsinn vor. Die lange Achse der Bahnellipse ist um einige Grade gegen die ϕ-Richtung geneigt. Genaue Angaben über diese Neigung lassen sich nicht machen, weil gerade die Bestimmung des Neigungswinkels sehr empfindlich von Zeit-Koordinierungsfehlern zwischen den beiden Komponenten u_r und u_ϕ beeinflußt wird. Dieser Fehler ist sicher klein, kann aber nur schwer abgeschätzt werden. Die Hauptschwingungsrichtung bleibt über die Zeit mehrerer Perioden erhalten. Auf der Winkelhalbierenden liegt eine fast transversale Schwingung vor. Abweichungen hiervon dürften als die Folge der Überlagerung mit anderen Wellen zu erklären sein.

L-Welle

Die in Abbildung 16 dargestellten Bahnkurven der L-Welle zeigen einen viel komplizierteren Verlauf. Zwar ist eine gewisse Symmetrie der Bahnkurven an den gegenüberliegenden

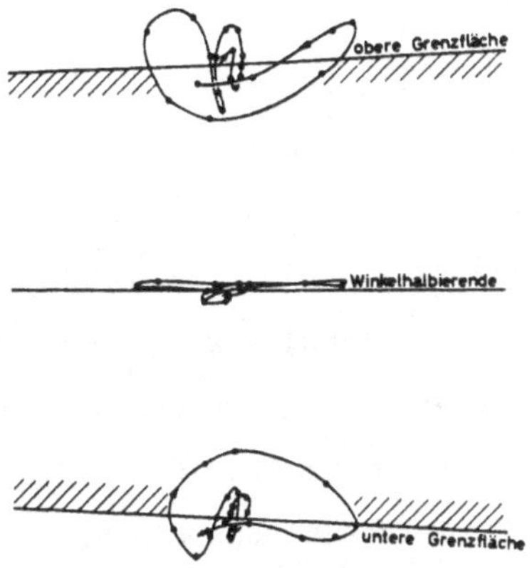

Abbildung 16. Bahnkurven der L-Welle für r=21 cm
Figure 16. Particle paths of the L-wave at r=21cm

Grenzflächen erkennbar. Der Umlaufsinn ändert sich jedoch von Periode zu Periode. Während der ersten Periode wird eine schlanke senkrecht auf der Oberfläche stehende Ellipse durchlaufen, dann vergrößert sich die Amplitude. Die nächste Schwingung erfolgt auf der Bahn einer stark zur Keilachse hin geneigten Ellipse. Während der dritten Periode ist die Schwingung vorwiegend longitudinal. Die Amplitude ist hierbei am größten. Auf der Winkelhalbierenden liegt eine fast longitudinale Polarisation vor.

Die Resultate der Komponentenmessungen lassen sich folgendermaßen zusammenfassen:

1. Die B-Welle stellt einen antisymmetrischen und die L-Welle einen symmetrischen Mechanismus dar.
2. Die Analogie zwischen den Wellen an Platten und denen am Keil wird bei den Bewegungsformen gestört. Im Gegensatz zur antisymmetrischen Plattenwelle beschreibt das Bodenteilchen der B-Welle eine gegen die Grenzfläche des Keiles geneigte Ellipse.

7. Amplituden

Es wurde bereits gesagt, daß die Amplituden der L- und B-Welle bei Annäherung an die Keilachse zunehmen. Bei der L-Welle ist diese Amplitudenzunahme besonders in Abbildung 10 klar zu erkennen. Hierfür mögen zwei Ursachen in Frage kommen. Die eine liegt in der phasengerechten Superposition aller Partialwellen in der Nähe der Keilachse. Das Signal, bei r=25cm noch ein Schwingungszug mit vielen Perioden, deformiert sich mit dem Laufweg so, daß schließlich alle Phasen sich in der letzten Schwingung additiv überlagern. Dieser Vorgang ist mit Hilfe der Dispersionstheorie planparalleler Platten interpretiert worden (GUTDEUTSCH 1966). Der gleiche Vorgang findet in der statistischen Signalanalyse Verwendung zur Vergrößerung des Verhältnisses Nutz-/Störamplitude. Der Keil wirkt daher wie ein "Korrelator" auf das L-Signal. Die zweite Ursache liegt in der Querschnittsverjüngung des Keiles. Hierfür spricht besonders die Tatsache, daß die Amplitude der L-Welle sich auch dann noch vergrößert, wenn keine Signalverformung mehr stattfindet. Das ist in Entfernungen von r kleiner als 12cm der Fall.

Wesentlich schwieriger zu interpretieren ist die Amplitudenzunahme der B-Welle. Hier liegt keine "Pulskompression" (vgl.ANSTEY 1963) wie bei der L-Welle vor, d.h. auf Grund der Dispersion ist keine Amplitudenzunahme zu erwarten. Die Amplituden der B-Welle nehmen jedenfalls mit Annäherung an die Keilachse zu.

Um einen Überblick zu gewinnen, nach welchem Gesetz sich die Amplituden der Keilwellen mit dem Laufweg verändern, wurde die Amplitude der letzten Schwingung der L-Welle in jedem Seismogramm Abbildung 10 bestimmt. Die dazugehörige Periode beträgt 15µsec±3µsec. Außerdem wurde das Maximum der Einhüllenden der B-Welle in Abbildung 8 ausgewertet. Auch für die B-Welle ergab sich die mittlere Periode von 15µsec, die nach der "peak-and-trough"-Analyse erhalten wurde. Abbildung 17 zeigt die Amplituden als Funktion von r im doppelt-logarithmischen Maßstab.

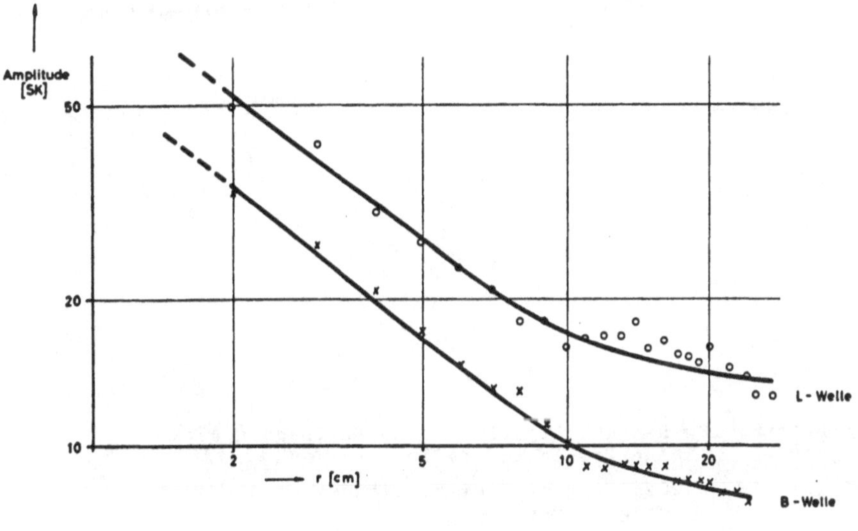

Abbildung 17. Doppelt-logarithmische Auftragung der Amplituden der Keilwellen

Figure 17. log-log-plot of amplitudes of the wedge waves

Die entsprechende Darstellung im einfach logarithmischen Maßstab befindet sich in Abbildung 18.

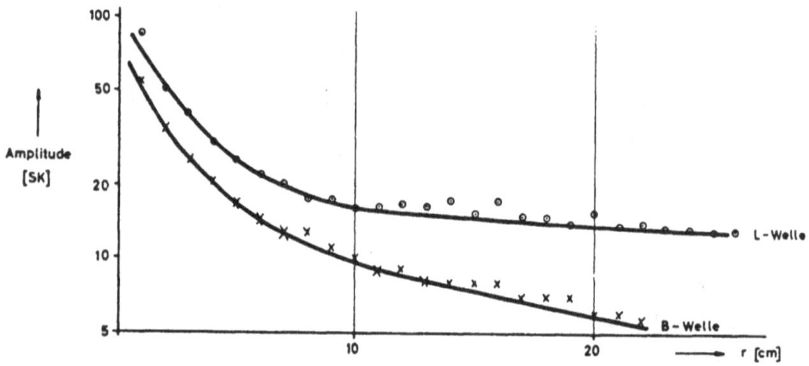

Abbildung 18. Einfach-logarithmische Auftragung der Amplituden der Keilwellen

Figure 18. Semi-log-plot of amplitudes of the wedge waves

Weil die Frequenzabhängigkeit unbekannt ist, ist als Abszisse nicht der dimensionslose Parameter kr verwendet worden. Wenn ein Gesetz der Form

(19) $$A = 1/r^n$$

vorliegt, müßten in Abbildung 17 sich Geraden mit der negativen Steigung n ergeben. Wenn dagegen ein Gesetz der Form

(20) $$A = e^{-\alpha r}$$

gültig ist, müßten in Abbildung 18 Geraden mit der negativen Steigung α dargestellt sein. Offenbar trifft keines von beiden zu. Abbildung 17 zeigt wohl für r kleiner als 10cm angenähert Geraden, bei größeren Entfernungen jedoch treten starke Abweichungen auf. Bei Abbildung 18 liegt genau das Umgekehrte vor. Demnach ändern sich die Amplituden der Keilwellen in großer Entfernung r nach einem Exponentialgesetz, in Entfernungen unter r=10cm nach einem Gesetz der Form (19). n liegt in der Größenordnung von 0,7. Wäre die Amplitudenzunahme nur eine Folge der Querschnittsverjüngung des Keiles, so müßte n etwa bei 0,5 liegen. Die Abweichung hiervon zeigt, daß weitere Einflüsse eine Rolle spielen müssen.

8. Zusammenfassung der Ergebnisse der modellseismischen Messungen.

Die Rayleighwelle zerfällt bei Annäherung an die Keilachse in eine symmetrische und eine antisymmetrische Welle mit Dispersion. In der Nähe der Keilachse ist die symmetrische Welle (L-Welle) vorwiegend longitudinal und die antisymmetrische Welle (B-Welle) vorwiegend transversal polarisiert. Die Phasengeschwindigkeiten beider sind vom Ort abhängig. Die örtliche Phasengeschwindigkeit der L-Welle ist gleich der Phasengeschwindigkeit der symmetrischen Plattenwelle an einer Platte von der Dicke der örtlichen Keilweite. Das Entsprechende gilt für die B-Welle und die antisymmetrische Plattenwelle. Hiernach kann man die Ausbreitung von Rayleighwellen an einem Keil mit kleinem Öffnungswinkel durch die Dispersionstheorie der Wellen an planparallelen Platten beschreiben, um brauchbare Nähe-

rungen zu erzielen. Die Seismogramme zeigen, daß die Signalform vom zurückgelegten Weg in charakteristischer Weise abhängt.
Die Orbitalbewegung der L- und B-Wellen stellen elliptische Bahnen dar. Der Umlaufsinn dieser Bahnen ist der gleiche wie bei der symmetrischen bzw. antisymmetrischen Plattenwelle. Für die B-Welle läßt sich nachweisen, daß die Bahnkurven nicht wie bei den Plattenwellen senkrecht auf der Grenzfläche stehen.
Die Amplituden der L- und B-Wellen nehmen mit Annäherung an die Keilachse zu. Ein für alle Entfernungen gültiges einfaches Gesetz läßt sich nicht ableiten. In großer Entfernung von der Keilachse ändern sich die Amplituden nach einem Exponentialgesetz, in kleinerer Entfernung liegt ein Gesetz etwa der Form $r^{-0,7}$ vor.
Das Verhalten der Amplituden und die Abweichungen der Hauptschwingungsrichtung von der Normale der Grenzflächen stellen Vorgänge dar, die nicht mit der Dispersionstheorie planparalleler Platten interpretiert werden können.

E. Versuche zur analytischen Beschreibung der L- und B-Welle

1. Ansätze zur Lösung der Wellengleichung für den Festkeil mit kleinem Öffnungswinkel bei näherungsweiser Erfüllung der Randbedingungen.

Es soll jetzt versucht werden, die Beobachtungen der Wellenausbreitung am Keil mit der Theorie elastischer Wellen zu begründen. Da die exakte Lösung der Wellengleichung in geschlossener Form bisher noch nicht gefunden worden ist, sollen zunächst die Wege skizziert werden, die man eingeschlagen hat, um brauchbare Näherungen zu erhalten. In dieser Darstellung sollen theoretische Arbeiten über den Flüssigkeitskeil und über die LOVE-Welle am Festkeil nicht berücksichtigt werden, weil die dort bearbeiteten Probleme im Prinzip gelöst sind und die verwendeten Verfahren im vorliegenden Fall nicht zum Ziele führen.

Die Schwierigkeit besteht darin, daß man unter den bisher bekannten Eigenfunktionen der Wellengleichung keine kennt, die den Randbedingungen des Keiles angepaßt werden können. Nach den Beobachtungen müßte die Lösung so beschaffen sein, daß sie eine Welle mit ortsabhängiger Phasengeschwindigkeit und Amplitude darstellt. In diesem Falle führt aber der Produktansatz nicht mehr zum Ziele. Man begnügt sich daher mit Näherungslösungen. Um sie zu erhalten, geht man folgendermaßen vor. Man setzt eine bekannte Eigenfunktion der Wellengleichung, z.B. eine ebene P-Welle voraus. Diese wird mit weiteren Eigenfunktionen des gleichen Typs dergestalt überlagert, daß die obere Grenzfläche S_1 des Keiles spannungsfrei wird. Auf der gegenüberliegenden Grenzfläche S_2 werden dann aber die Randbedingungen nicht erfüllt sein. Man fügt daher eine weitere Welle hinzu, die gemeinsam mit der vorherigen Spannungsfreiheit auf S_2 erreicht. Man kann nach diesem Prinzip fortfahren, um bessere Näherungen zu erzielen. FUCHS wendet dieses Verfahren zur Superposition von Raumwellen im Festkeil an. Er geht davon aus, daß eine ebene Kompressionswelle in Richtung auf die Keilachse fortschreitet. Die Randbedingungen werden in der Weise erfüllt, daß jede Welle beim

Auftreffen auf die Grenzfläche zwei neue Wellen erzeugen, eine P- und eine S-Welle. Die Fronten der vielfach reflektierten Wellen werden durch ein Spiegelungsverfahren bestimmt. Die Überlagerung aller Wellen gibt das Signal am Beobachtungsort. Das Verfahren ist anwendbar, solange geführte Wellen nicht berücksichtigt zu werden brauchen. Es ließe sich im Prinzip auch auf Rayleighwellen übertragen. Hierbei müßte allerdings berücksichtigt werden, daß die Rayleighwellen inhomogen sind. KNOPOFF und MAL (1965) berechnen die Spannungen, welche die an S_1 gebundene Rayleighwelle auf der unteren Grenzfläche S_2 erzeugt. Dann ordnen sie auf S_2 Quellen von Huygens'sche Elementarwelle so an, daß sie gerade die Spannungen der primären Rayleighwelle kompensieren.Die Superposition dieser Elementarwellen ergibt neben Raumwellen auch Rayleighwellen, die an S_2 gebunden sind. Es ist einzusehen, daß diese Näherung gut sein wird, solange die sekundären Wellen eine vernachlässigbare Wirkung auf die erste Grenzfläche S_1 ausüben. Wenn der Keilöffnungswinkel groß ist, trifft das sicher zu. Die Näherung liefert also umso bessere Ergebnisse, je größer der Öffnungswinkel ist. In einer weiteren Arbeit nehmen MAL und KNOPOFF (1966) eine Verbesserung vor, indem sie die Wirkung der sekundären Rayleighwelle auf die obere Grenzfläche S_1 in Rechnung stellen.

KANE und SPENCE (1963) geben eine hiervon abweichende Methode zur Bestimmung des Übertragungskoeffizienten einer Rayleighwelle an einem stumpfen Keil an. Die primäre Rayleighwelle ist an die obere Grenzfläche S_1 gebunden. Die von ihr erzeugten Spannungen auf der unteren Grenzfläche werden durch Hinzfügen einer sekundären Welle kompensiert. Dieses wird durch eine Integraltransformation erreicht. Die sekundäre Welle enthält Raum- und Rayleighwellen. Die jetzt erhaltene Lösung erfüllt die Randbedingungen wohl auf S_2, nicht aber auf S_1. Um S_1 spannungsfrei zu machen, ist eine tertiäre Welle hinzuzufügen, zu deren Bestimmung das gleiche Prinzip der Integraltransformation verwendet wird. Nach KANE und SPENCE kann diese tertiäre Welle keinen nennenswerten Beitrag mehr liefern, wenn der Keilöffnungswinkel wenig von 180° abweicht. Ihre Behauptung, man könne die Iteration nach diesem Verfahren immer weitertreiben, um bessere Näherungen zu erhalten, sollte jedoch mit Vorbehalten aufgenommen werden. Bekanntlich stellt die Rayleighwelle, die hier verwendet wird, zwar eine Eigenfunktion der Wellengleichung für den Halbraum dar, jedoch ist dieser Funktionstyp dem Keil nicht angepaßt. Es wäre zunächst zu prüfen, ob das Verfahren tatsächlich konvergiert, oder ob nicht etwa Semikonvergenz vorliegt. Dieser Nachweis wird nicht erbracht, jedoch wird gezeigt, daß die Näherung 1.Ordnung bereits gute Übereinstimmung mit den modellseismischen Ergebnissen ergibt, wenn der Keilöffnungswinkel größer als 40° ist.

Bei der vorliegenden Aufgabe interessiert die Wellenausbreitung an Keilen mit sehr kleinem Öffnungswinkel. Auch hier könnte man nach einem der erwähnten Verfahren vorgehen. Die erhaltene Näherung würde aber nicht so schnell konvergieren, weil die Rayleighwelle schon vor ihrem Eintreffen auf die Keilachse mit den sekundären Wellen interferiert. Es wären außer den sekundären auch noch tertiäre Wellen und Wellen noch höherer Ordnung zu berücksichtigen.

2. Die Wellenausbreitung in der Nähe der Keilachse

Wie schon erwähnt wurde, versagt der Produktansatz beim festen Keil, weil er nicht den Randbedingungen angepaßt werden kann. Es gibt jedoch einen Grenzfall, für den er eine gute Approximation ergibt, nämlich bei der Wellenausbreitung in unmittelbarer Umgebung der Keilachse. Wie in Absatz C.2. dargelegt wurde, verschwinden bei einer sehr dünnen Platte Tangential- und Normalspannungen nicht nur an den Grenzflächen, sondern näherungsweise auch im Inneren. Die Bedingung hierfür läßt sich durch

$$(k\overline{H})^2 \Rightarrow 0$$

formulieren. Diese Überlegung läßt sich von der Platte auf den Keil mit kleinem Öffnungswinkel übertragen. In der Nähe der Keilachse ist der Abstand der Grenzflächen so klein, daß ohne weiteres erwartet werden kann, daß die Tangential- und Normalspannungen nicht nur an den Grenzflächen, sondern auch im Inneren des Keiles gleich Null gesetzt werden dürfen. Setzen wir außerdem einen Keil mit sehr kleinem Öffnungswinkel voraus, so muß diese Bedingung näherungsweise auch in größeren Abständen von der Keilachse erfüllt sein.

Wir suchen nach einer Lösung der Wellengleichung mit der Nebenbedingung, daß Tangential- und Normalspannungen an den beiden Grenzflächen des Keiles und im Inneren verschwinden. Hierzu betrachten wir einen isotropen idealelastischen Keil mit den elastischen Parametern λ und μ und der Dichte ρ. Entsprechend Abbildung 19 sei ein zylindrisches Koordinatensystem angeordnet. Es möge sich um einen "zweidimensionalen Keil", d.h. um eine Platte der Dicke $2\overline{H}$ handeln. Die Bedingung der zweidimensionalen

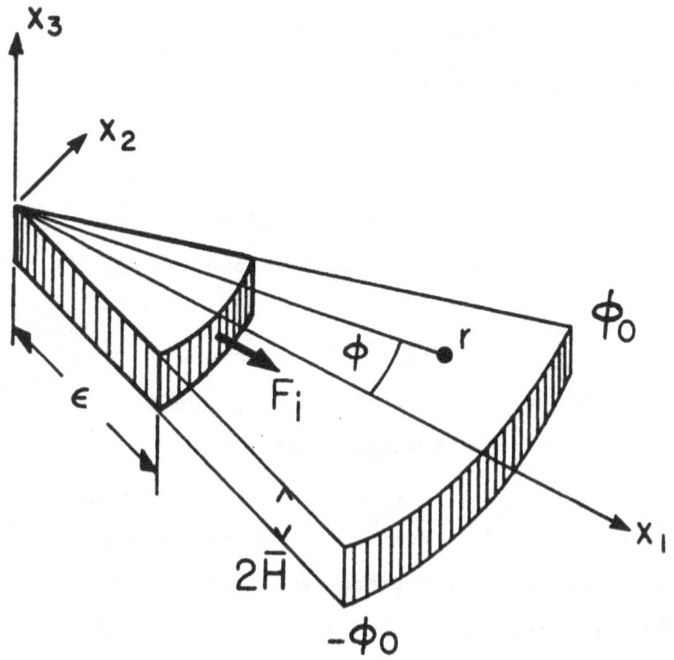

Abbildung 19. Lage des zylindrischen Koordinatensystems
Figure 19. Orientation of cylindrical coordinates.

Wellenausbreitung möge durch die Gültigkeit der Näherung

$$(k\bar{H})^2 = 0$$

erfüllt sein. Dann gelten die zweidimensionalen Spannungs-Dehnungs-Beziehungen

(21) $$\sigma_{rr} = 2\mu\frac{\partial u_r}{\partial r} + \lambda'(\frac{\partial u_r}{\partial r} + \frac{u_r}{r} + \frac{1}{r}\frac{\partial u_\phi}{\partial \phi})$$

(22) $$\sigma_{r\phi} = 0 = \frac{1}{r}\frac{\partial u_r}{\partial \phi} + \frac{\partial u_\phi}{\partial r} - \frac{u_\phi}{r}$$

(23) $$\sigma_{\phi\phi} = 0 = \frac{2\mu}{r}(\frac{\partial u_\phi}{\partial \phi} + u_r)+\lambda'(\frac{\partial u_r}{\partial r} + \frac{1}{r}\frac{\partial u_\phi}{\partial \phi} + \frac{u_r}{r})$$

Man setzt den Ausdruck

$$\frac{1}{r}\frac{\partial u_\phi}{\partial \phi} = -\frac{u_r}{r} - \frac{\lambda'}{\lambda'+2\mu}\frac{\partial u_r}{\partial r}$$

in Gleichung (21) ein und erhält

(24) $$\sigma_{rr} = \frac{4\mu(\lambda'+\mu)}{\lambda'+2\mu}\frac{\partial u_r}{\partial r} \quad (*)$$

Die Wellengleichung für u_r lautet dann

(25) $$\frac{\partial^2 u_r}{\partial r^2} + \frac{1}{r}\frac{\partial u_r}{\partial r} = \frac{1}{a''^2}\ddot{u}_r \qquad \text{mit } a''^2 = \frac{4\mu(\lambda'+\mu)}{(\lambda'+2\mu)\rho}$$

Eine Lösung von (25) ist die Hankelsche Funktion nullter Ordnung und zweiter Art $H_0^2(kr)$, multipliziert mit dem Faktor $e^{i\omega t}$. Sie bedeutet eine in positiver r-Richtung fortschreitende Zylinderwelle.

(26) $$u_{rr} = A\cdot H_0^2(kr)\cdot e^{i\omega t} \qquad \text{mit } k=\omega/a''.$$

Gleichung (26) ist in der Umgebung von kr=0 unbrauchbar, und zwar aus zwei Gründen. Erstens liegt bei kr=0 eine logarithmische Singularität der Hankelschen Funktion vor. Zweitens ist es für kr=0 unmöglich, die Randbedingung (22) auch nur näherungsweise durch einen Satz der Form von Gleichung (26) zu befriedigen. Die mathematische Schwierigkeit besteht darin, daß die Richtungsnormalen der beiden Grenzflächen des Keiles auf der Keilachse einen Winkel von $2\phi_0$ miteinander bilden. Folglich ist die Keilgrenzfläche im Nullpunkt nicht eindeutig definiert. Diese Schwierigkeit kann man aber umgehen, wenn man den Punkt kr=0 durch ein kleines Kreissegment mit dem Radius $r=\varepsilon$ aus dem Keil herausschneidet. Hierdurch wird ein kleines Volumen V, begrenzt durch die Fläche F_i, vom Keil abgeteilt (vgl.Abbildung 19). ε soll klein gegen die Wellenlänge sein, d.h. die Laufzeit der Welle beim Durchlaufen von ist vernachlässigbar klein. Andererseite soll ε nicht

(*) Die Randbedingung (22) möge näherungsweise dadurch erfüllt sein, daß der Ausdruck

$$u_\phi = -\left(u_r + \frac{r\lambda'}{\lambda'+2\mu}\frac{\partial u_r}{\partial r}\right)\phi \qquad \text{mit } -\phi_0 \le \phi \le \phi_0 \qquad \phi_0 \ll 1$$

samt seinen Ableitungen nach ϕ oder r vernachlässigt werden kann. Hiermit ergibt sich eine weitere Einschränkung des Gültigkeitsbereiches für die Näherungslösung.

verschwinden und einen so großen Betrag annehmen, daß die Randbedingung (22) bei Verwendung des Ansatzes (26) mit hinreichender Näherung erfüllt ist. Das kann erreicht werden, wenn der Keilöffnungswinkel $2\phi_0$ nicht zu groß gewählt wird (vgl.Fußnote auf Seite 54). Wir wollen jetzt annehmen, daß in dem Volumen V keine Energiequellen vorhanden sein sollen. Diese Annahme kann man dadurch ausdrücken, daß die Gesamtenergie E im Volumen V sich nicht mit der Zeit ändert. Man schreibt dann in kartesischen Koordinaten:

(27) $$\frac{dE}{dt} = \oint_{F_i} \sigma_{ij}\, \dot{u}_j\, dF_i = 0$$ siehe Anlage III

Gleichung (27) kann in Zylinderkoordinaten umgeschrieben werden. Unter Beachtung von (22) und (23) folgt

(28) $$0 = \oint \sigma_{ij}\, \dot{u}_j\, dF_i = \int_{-\phi_0}^{+\phi_0} \sigma_{rr} \dot{u}_r \varepsilon d\phi = 2\phi_0 \varepsilon \sigma_{rr}(\varepsilon) i\omega$$

(29) $$0 = 2i\omega\phi_0\varepsilon a''^2 \frac{\partial u_r(\varepsilon)}{\partial r} u_r(\varepsilon)$$

Für kleine Werte von ε ist die asymptotische Darstellung der Hankelschen Funktion (siehe z.B.SOMMERFELD 1947)

(30) $$H_0^1(kr) \to 1 + \frac{2i}{\pi} \ln(0{,}8905kr) \qquad H_0^2(kr) \to 1 - \frac{2i}{\pi} \ln(0{,}8905kr)$$

zu verwenden.

Man sieht, daß Gleichung (29) für kleine ε niemals hinreichend klein werden kann, sondern stark anwächst wie

(32) $$\frac{8\rho A^2 i\omega\phi_0 a''^2}{\pi^2} \ln\varepsilon \qquad (\varepsilon \ll 1)$$

Daraus ist zu schließen, daß der Energieerhaltungssatz verletzt wird. Eine ähnliche Überlagerung kann man auch für die Kräfte K_i im Volumen V anstellen. Wenn V keine Kraftquellen enthält, muß gelten

(31) $$\oint_{F_i} \sigma_{ij}\, dF_j = 0$$ (vgl. MAL 1968)

Auch Gleichung (31) kann mit dem Ansatz (26) nicht befriedigt werden und ergibt einen Widerspruch:

(33) $$0 = -\frac{4\phi_0 i\rho a''^2}{\pi 0.8905k}$$ $(\varepsilon << 1)$

Die Widersprüche (32) und (33) lösen sich aber sofort auf, wenn man zu der Lösung (26) eine weitere hinzufügt, die gemeinsam mit dieser die Spannung $\sigma_{rr}(\varepsilon)$ zum Verschwinden bringt. Dieses leistet die Lösung

(34) $$u_{r_{II}} = A \cdot H_0^1(kr) \cdot e^{i\omega t}$$

Sie bedeutet physikalisch eine Zylinderwelle, welche in negativer r-Richtung fortschreitet. Durch Einsetzen der Lösung

(35) $$u_r = A \cdot e^{i\omega t} \cdot (H_0^1(kr) + H_0^2(kr)); \quad u_\phi = 0; \quad (kr \neq 0)$$

in die Gleichungen (29) oder (31) läßt sich zeigen, daß die Bedingungen der Kräftefreiheit und der konstanten Gesamtenergie nicht verletzt werden. Gleichung (35) beschreibt die L-Welle in der Nähe der Keilachse in folgenden Punkten recht genau:

1. Die Geschwindigkeit ist in der Nähe der Keilachse gleich der Geschwindigkeit der Stabdehnungswelle.

2. Die Amplitude nimmt zu, wenn die Welle sich der Keilachse nähert und ab, wenn sie sich von ihr entfernt. Abweichungen in dem Amplituden-Entfernungsgesetz vom Experiment können durch den Einfluß kurzer Wellen erklärbar sein, für die die gemachten Voraussetzungen (22)und (23) nicht gelten.

3. Die Welle schreitet in der Nähe der Keilachse ohne merkliche Signalverformung fort.

4. Die Welle wird an der Keilachse reflektiert. Der Reflexionskoeffizient ist +1. Bei der Reflexion entstehen keine anderen Wellenarten wie z.B. Raumwellen oder die B-Welle.

3. Näherung bei stückweiser Approximation des Keiles durch planparallele Grenzflächen.

Es lohnt sich nicht, die Näherungslösung (35) genauer zu besprechen, weil im nachfolgenden Text eine andere Näherung behandelt werden soll, die in großer Entfernung von der Keilachse gültig ist, und viel mehr Eigenschaften der Keilwellen richtig wiedergibt als Gleichung (35).
Wir betrachten nur einen sehr schmalen Bereich B des Keiles und stellen uns die Aufgabe, eine für diesen gültige Näherungslösung der Wellengleichung aufzustellen. Diese Näherungslösung soll in B angenähert die Randbedingungen erfüllen. Die Situation wird in Abbildung 20 veranschaulicht.

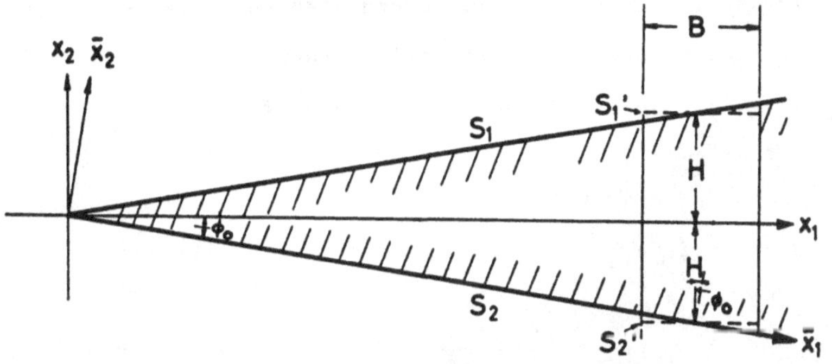

Abbildung 20. Lage des kartesischen Koordinatensystemes

Figure 20. Orientation of cartesian coordinates.

Der mittlere Abstand der Grenzflächen S_1 und S_2 in B beträgt 2H. Ein kartesisches Koordinatensystem wird so in den Keil gelegt, daß der Ursprung auf der Keilachse und die positive 1-Achse auf der Winkelhalbierenden liegt. Die Meßergebnisse zeigen nun, daß die Wellenausbreitung in B etwa so vor sich geht wie an einer planparallelen Platte der Dicke 2H. Die dazugehörige Lösung der Wellengleichung erfüllt die Randbedingungen nicht auf S_1 und S_2, sondern auf den parallelen Grenzflächen S_1' und S_2'. Es ist einzusehen, daß diese Approximation gut sein wird, solange der Keilöffnungswinkel klein ist.

Der Bereich B soll sich von $x_1 = x_1'$ bis x_1'' erstrecken, wobei die Breite

$$B = x_1'' - x_1'$$

betragen möge. Das Verschiebungsfeld setzt sich zusammen aus einem quellen- und einem wirbelfreien Vektor.

$$u_i = \frac{\partial U}{\partial x_i} + \varepsilon_{ijk} \frac{\partial \Psi_k}{\partial x_j} \tag{36}$$

Der Verschiebungsvektor soll in dem hier vorliegenden zweidimensionalen Problem nur die beiden Komponenten u_1 und u_2 besitzen. In diesem Falle hat der Vektor Ψ_i nur eine Komponente

$$\Psi_i = (0,0,\Psi_3).$$

Mit der vereinfachten Schreibweise $\Psi=\Psi_3$ geht Gleichung (35) über in

$$u_1 = \frac{\partial U}{\partial x_1} + \frac{\partial \Psi}{\partial x_2} \tag{37}$$

$$u_2 = \frac{\partial U}{\partial x_2} - \frac{\partial \Psi}{\partial x_1} \tag{38}$$

U und Ψ genügen den Wellengleichungen

$$\ddot{U} = a^2 \frac{\partial^2 U_2}{\partial x_i} \qquad \ddot{\Psi} = b^2 \frac{\partial^2 \Psi_2}{\partial x_i} \tag{39}$$

Es geht jetzt darum, eine Lösung der Wellengleichung zu finden, die an den Grenzflächen S_1' und S_2' die Randbedingungen erfüllt. Dieses Problem ist im Prinzip heute gelöst. Wenn man irgendeinen Anregungsvorgang, z.B. einen Kraftdipol, vorgibt, so kann man in bekannter Weise (Integration in der komplexen k-Ebene, s.CAGNIARD 1939) Näherungslösungen herleiten, die Raum- und Oberflächenwellen enthalten. Die Herleitung soll an dieser Stelle nicht gebracht werden, weil sie in der Literatur nachzulesen ist (z.B. NAKAMURA 1960).

Ein Anteil der Lösung enthält die Oberflächenwellen in folgender Form

$$\int_{-\infty}^{+\infty} (A(\omega)\mathrm{Cos}\,\nu x_2 + B(\omega)\mathrm{Sin}\,\nu x_2) e^{-ikx_1} d\omega = U \tag{40}$$

$$\int_{-\infty}^{+\infty} (C(\omega)\mathrm{Sin}\,\nu' x_2 + D(\omega)\mathrm{Cos}\,\nu' x_2) e^{-ikx_1} d\omega = \Psi \tag{41}$$

A, B, C und D stellen frequenzabhängige Amplitudenfaktoren dar. ν und ν' sind aus

$$\nu^2 = k^2 - k_a^2 \qquad \nu'^2 = k^2 - k_b^2$$

$$k_a = \omega/a, \quad k_b = \omega/b$$

durch Einsetzen von (40) und (41) in (39) erhältlich.

Die Randbedingungen

$$\sigma_{12} = \mu\{2\frac{\partial^2 U}{\partial x_1 \partial x_2} - \frac{\partial^2 \Psi}{\partial x_1^2} + \frac{\partial^2 \Psi}{\partial x_2^2}\} = 0 \qquad \text{für } x = \pm H \tag{42}$$

$$\sigma_{11} = \lambda\{\frac{\partial^2 U}{\partial x_1^2} + \frac{\partial^2 U}{\partial x_2^2}\} + 2\mu\{\frac{\partial^2 U}{\partial x_2^2} - \frac{\partial^2 \Psi}{\partial x_1 \partial x_2}\} = 0 \text{ für } x = \pm H \tag{43}$$

geben Aufschluß über die Amplitudenverhältnisse A/C und B/D sowie über die Wellenzahl k. Die Lösungen (40) und (41) lassen sich demnach in einen symmetrischen und einen antisymmetrischen Anteil aufteilen, U_s, Ψ_s bzw. U_{an}, Ψ_{an}

$$U = U_s + U_{an}$$

$$\Psi = \Psi_s + \Psi_{an} \quad ,$$

wobei

$$U_s = \int_{-\infty}^{+\infty} A(\omega)\mathrm{Cos}(\nu x_2) e^{-ikx_1} d\omega \tag{44}$$

$$\Psi_s = \int_{-\infty}^{+\infty} C(\omega)\mathrm{Sin}(\nu' x_2) e^{-ikx_1} d\omega \tag{45}$$

$$U_{an} = \int_{-\infty}^{+\infty} B(\omega)\mathrm{Sin}(\nu x_2) e^{-ikx_1} d\omega \tag{46}$$

$$\Psi_{an} = \int_{-\infty}^{+\infty} D(\omega)\mathrm{Cos}(\nu' x_2) e^{-ikx_1} d\omega \tag{47}$$

Aus den Gleichungen (42) und (43) erhält man mit den Abkürzungen

$P=-2ik\nu\mu$ $S=2ik\nu'\mu$ $Q=\mu(\nu'^2+k^2)$ $R=\lambda(\nu^2-k^2)+2\mu\nu^2$

folgende Ausdrücke für die Amplitudenverhältnisse

(48) $BP \cdot \mathrm{Cos}(\nu H) + DQ \cdot \mathrm{Cos}(\nu' H) = 0$

(49) $BR \cdot \mathrm{Sin}(\nu H) + DS \cdot \mathrm{Sin}(\nu' H) = 0$

(50) $AP \cdot \mathrm{Sin}(\nu H) + CQ \cdot \mathrm{Sin}(\nu' H) = 0$

(51) $AR \cdot \mathrm{Cos}(\nu H) + CS \cdot \mathrm{Cos}(\nu' H) = 0$

Diese Gleichungen sind nur miteinander verträglich, wenn

(52) $PS \cdot \mathrm{Sin}(\nu H)\mathrm{Cos}(\nu' H) - QR \cdot \mathrm{Sin}(\nu' H)\mathrm{Cos}(\nu H) = 0$ (für U_s und Ψ_s)

(53) $PS \cdot \mathrm{Cos}(\nu H)\mathrm{Sin}(\nu' H) - QR \cdot \mathrm{Cos}(\nu' H)\mathrm{Sin}(\nu H) = 0$ (für U_{an} und Ψ_{an})

Die Gleichungen (52) und (53) stellen die Dispersionsgleichungen für die symmetrische und antisymmetrische Plattenwelle dar. Die Gleichungen (44) bis (47) bedeuten die Potentiale der beiden Wellen, also die gesuchte Näherung für die L- bzw. die B-Welle im Keil.

Es muß betont werden, daß dieser Ansatz eine ortsunabhängige Phasengeschwindigkeit und Amplitude enthält. Diese Voraussetzung ist näherungsweise nur dann erfüllt, wenn die Phasengeschwindigkeit sich so langsam mit x_1 ändert, daß ihre Ableitung dc/dx_1 klein gegen alle anderen Ableitungen der Potentiale nach x_1 und x_2 ist. Würde man diese Bedingung fallen lassen, so müßte der Ansatz die Phasengeschwindigkeit und Amplitude als langsam veränderliche Funktion des Ortes vorsehen. Die Wellengleichungen (39) würden in diesem Fall auf eine komplizierte Differentialgleichung für die Amplitude und Wellenzahl führen, wie z.B. von HASSELMANN (1960) an einem ähnlichen Problem der Wellenausbreitung gezeigt wurde.

a. Numerische Beispiele.

Es soll jetzt an numerischen Beispielen die Leistungsfähigkeit der Näherung geprüft werden. Wenn die Welle den Keil durchläuft, passiert sie nacheinander eine ganze Reihe von Bereichen B, in denen die Phasengeschwindigkeit und Amplitude als konstant vorausgesetzt worden sind. Die Laufzeit der Welle kann daher durch numerische Integration näherungsweise bestimmt werden. Der hierfür nötige Formalismus wird in Anlage I dargestellt. Hier sollen nur einige für die Deutung wichtigen Daten erklärt werden:

1. $\delta = \omega \Delta x_1 \operatorname{tg} \phi_0 =$ kleine Zahl, die für eine Welle der Kreisfrequenz ω die Breite des Bereiches B angibt. δ muß so klein gewählt werden, daß die Phasengeschwindigkeit innerhalb von Δx_1 näherungsweise als konstant angesehen werden darf.
2. T = Länge des Analysenintervalles der Fouriersynthese
3. E = Länge des Signales f(t)
4. $\tau_{12}(\omega)$ = Laufzeit einer Welle der Kreisfrequenz ω von $(x_1)_1$ nach $(x_1)_2$.
5. f(t) = Signal am Anregungsort
6. $F(\omega)$ = Fourierspektrum des Signales f(t)
7. M = Anzahl der Glieder einer Fouriersumme.

Es tritt noch ein weiteres Problem auf, das bisher noch nicht berücksichtigt wurde. Die bisherigen Ableitungen geben nur Aufschluß über die örtlichen Phasengeschwindigkeiten. Die Amplituden dagegen sind Parameter, über deren Beträge noch verfügt werden muß. Da die Meßergebnisse besonders in der Nähe der Keilachse einen sehr komplizierten Verlauf zeigen, ist schwer zu entscheiden, welches

Amplitudengesetz gültig ist. Auch der Nachweis, daß die Rayleighwelle im Keil fortlaufend Energie durch Erzeugung von sekundären Wellen abgibt, zeigt klar, daß die bisherigen Überlegungen noch nicht ausreichen, um den richtigen Ansatz zu finden.

Daher soll in Ermangelung einer besseren Hypothese zunächst einmal angenommen werden, daß die Amplitude unabhängig von x_1 ist. Diese Annahme ist sehr stark simplifiziert. Sie unterstellt, daß jegliche Signalveränderung mit dem Laufweg nur auf die Ortsabhängigkeit der Phasengeschwindigkeit zurückzuführen sei, was bestimmt falsch ist. Ein Vergleich mit dem Experiment wird jedoch Brauchbarkeit und Grenzen dieses Ansatzes ausweisen.

Für die Rechnungen werden die geometrischen und physikalischen Parameter verwendet, die bei den Modellexperimenten vorgelegen haben.

$$a = 5{,}400 \text{mm}/\mu\text{sec}$$
$$b = 3{,}180 \text{mm}/\mu\text{sec}$$
$$\rho = 2{,}7 \ \text{gm}/\text{cm}^3$$
$$\phi_0 = 0.05 \ (\text{Bogenmaß})$$

Signalform der L-Welle

Nach den Seismogrammen in Abbildung 10. kann man das Signal der L-Welle gut durch einen Cosinus-Bogen annähern. Daher wird das Signal

$$(54) \quad f(t) \begin{cases} = 0 & \text{für } -T/2 \geq t \geq -E/4 \\ = \frac{\pi}{2}\cos\left(\frac{2\pi t}{E}\right) & \text{für } -E/4 \geq t \geq +E/4 \\ = 0 & \text{für } +E/4 \geq t \geq +T/2 \end{cases}$$

gewählt.

$E = 30\mu\text{sec}$, $T = 1000\mu\text{sec}$, $M = 200$, $\delta = 0{,}5$

Die Darstellung des Signales (54) ist mit einem mittleren

Fehler von ca.0,1% behaftet. Er spielt für die Interpretation keine Rolle. Abbildung 21 zeigt die Komponente u_1 dieses Signales auf der Keilachse. Die Registrierung erfolgt auf der Winkelhalbierenden. Das Signal verformt sich beim Durchlaufen des Keiles in Richtung zur Keilöffnung. Die wichtigsten Kennzeichen der L-Welle sind deutlich zu erkennen. Mit zunehmendem Laufweg zerfällt das Signal in einen Schwingungszug abnehmender Amplitude und Periode. Gleichzeitig verringert sich auch die Amplitude des ursprünglichen L-Signales f(t). Etwa ab r=30cm zeigen sich Einzelheiten, die im Modellexperiment wegen der Überlagerung mit anderen Wellenarten nicht mehr nachzuweisen sind. Ab r=60cm nimmt die Amplitude der kurzperiodischen Nachschwingung gegen Ende des Signales wieder zu. Schließlich bildet sich am Ende des Schwingungszuges ein energiereiches Signal heraus, das mit der Geschwindigkeit der Rayleighwelle fortschreitet. Seine mittlere Wellenlänge ist viel kleiner als der örtliche Keildurchmesser. Wenn man die Laufzeitkurve dieser Welle bis r=0 extrapoliert, fällt sie dort mit t=0, dem Entstehungsmoment der L-Welle zusammen. Man gewinnt den Eindruck, daß L-Welle und Rayleighwelle gleichzeitig auf der Keilachse entstehen, obgleich die Amplitude der letzteren zu klein ist, um beobachtet zu werden. Die gesamte Energie befindet sich im L-Signal. Mit zunehmendem Laufweg gibt sie jedoch immer mehr ihrer kurzperiodischen Energie an die Rayleighwelle ab, so daß deren Amplitude ansteigt. Abbildung 22 zeigt den Amplitudenverlauf beider Wellen aus Abbildung 21. Die L-Amplitude nimmt bis etwa r=20cm zu, erreicht ein Maximum und fällt danach etwa nach einem Gesetz der Form $r^{-0,6}$ ab.

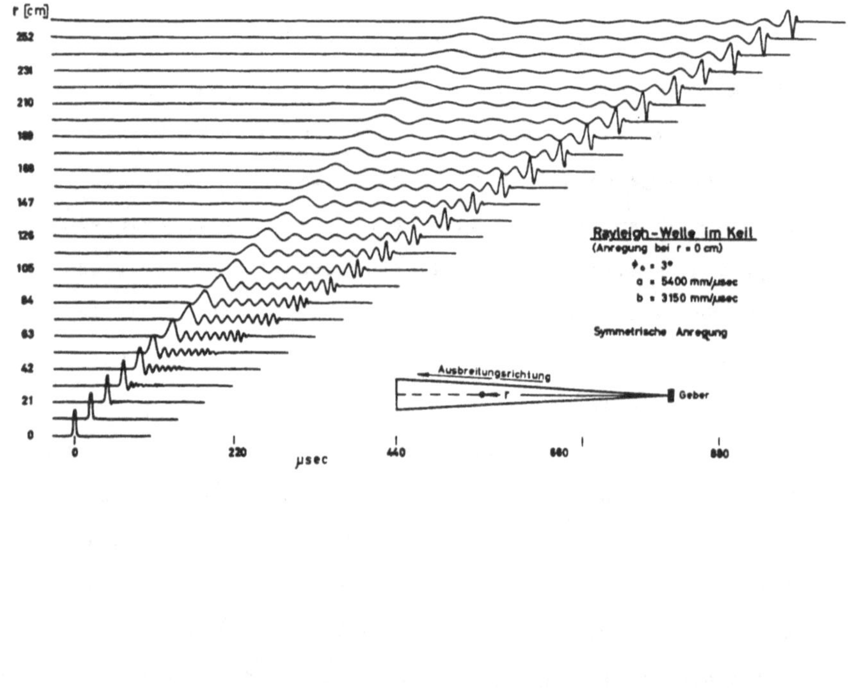

Abbildung 21. Erzeugung der L-Welle bei r=0cm. Die symthetischen Seismogramme zeigen, wie die Rayleighwelle als kräftiges Signal am Ende eines langen Schwingungszuges entsteht.

Figure 21. Generation of L-waves in the wedge at r=0cm, theses symthetic seismograms demonstrate that the Rayleigh wave develops into a strong signal at the end of a long wave train

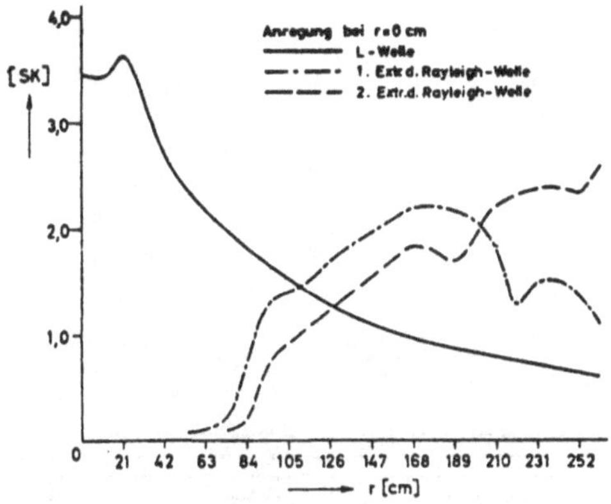

Abbildung 22. Amplituden aus Abbildung 21
Figure 22. Amplitudes taken from picture 21.

Dieses Ergebnis widerspricht den experimentellen Resultaten, denn das Maximum bei r=20cm tritt in den Messungen nicht auf. Man kann zeigen, daß es mit der speziellen Form des Signalspektrums zusammenhängt. Ein Maximum erhält man nicht, wenn das Signal die Form einer Gaussfunktion $f(t)=\exp(-t^2/E)$ hat. Man darf daher das Amplitudenmaximum bei r=20cm nicht überbewerten und schon garnicht Zusammenhänge zwischen der Signallänge und der "Entfernung maximaler Amplitude" herstellen. Die experimentell erzeugte Signalform ist im allgemeinen nicht so sicher bekannt, besonders bei Messungen im Gelände, um entweder dem Cosinusbogen oder der Gaussfunktion den Vorzug zu geben.

Abbildung 23 zeigt das gleiche Signal, wobei der Entstehungsort aber bei r=262cm liegt. Das Signal läuft in Richtung zur Keilachse. Schon von Beginn an bilden sich 2 getrennte Einsätze aus,die mit unterschiedlicher Geschwindigkeit fortschreiten. Der erste mit der Geschwindigkeit von a'=5180m/s besitzt eine Wellenlänge, die mit

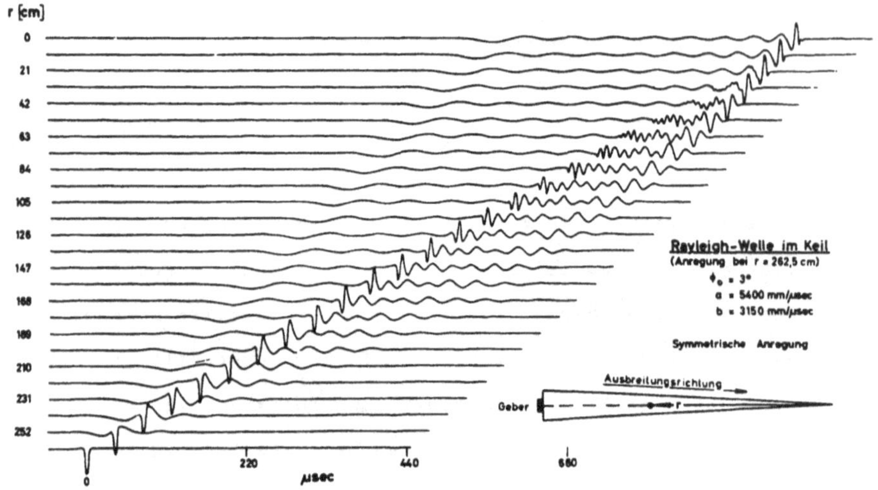

Abbildung 23. Symmetrische Anregung zur Erzeugung der L-Welle bei r=2625mm: Am Geber entstehen 2 Wellen, die sehr lange longitudinale Plattenwelle und die Rayleighwelle. Letztere zerfällt bei Annäherung an die Keilachse zu einem Schwingungszug anwachsender Periode. Aus diesem baut sich schließlich die L-Welle als kurzzeitiges und energiereiches Signal auf

Figure 23. Symmetrical excitation at r=2625mm and generation of L-waves: At the source 2 waves are generated, the long period longitudinal plate wave and the Rayleigh wave. The latter is dispersed to a long wave train with increasing period. From this wave train the L-wave is generated.

50cm groß gegen die örtliche Keilweite am Anregungsort ist. Der zweite rührt von der Rayleighwelle her, für die zunächst Halbraumbedingungen vorliegen. Ihre Geschwindigkeit beträgt 2950m/sec. Die Rayleighwelle zerfällt in einen Schwingungszug zunehmender Periode, sobald die örtliche Keilweite mit der dominierenden Wellenlänge vergleichbar ist. Es fällt besonders auf, daß dieser Schwingungszug plötzlich abbricht und nicht wie im Falle der AIRY-Phase sehr lange mit annähernd konstanter Periode anhält. Dieses zeigt ein Vergleich mit Abbildung 26, die Seismogrammen der symmetrischen Plattenwelle darstellt.
In Abbildung 23 nimmt die Energie im Signalende immer mehr zu. Sie wird schließlich größer als die der Rayleighwelle. Es baut sich ein neues Signal auf, das mit der hohen Phasengeschwindigkeit a'=5180 m/μsec fortschreitet und alle Kennzeichen der L-Welle besitzt. Die Amplitude der Rayleighwelle "stribt ab" im selben Maße, wie die L-Welle "auflebt". In der Umgebung der Keilachse stellt die L-Welle, wie im Experiment, einen Schwingungszug wachsender Amplitude und Periode dar. Unter r=20cm treten die kurzen Perioden ganz zurück, und man gewinnt den Eindruck, daß die L-Welle sehr langperiodische Vorläufer besitzt.
Die Modellexperimente bestätigen dieses Resultat. Auch auf dem Modellseismogramm in Abbildung 10 sind bei r=1cm langperiodische Vorläufer klar zu erkennen. Bei größeren Entfernungen werden sie schwächer, wahrscheinlich als Folge der Interferenz mit den Wellen, die an der Keilachse reflektiert werden. Die Näherung gibt bemerkenswerterweise nicht nur Auskunft über die L- und Rayleighwelle, sondern auch über die sehr lange, am Ursprungsort erzeugte

"longitudinale Plattenwelle", die an der Keilachse als Ersteinsatz auftritt. Daraus ist zu schließen, daß diese "longitudinale Plattenwelle" eine dominierende Wellenlänge besitzen muß, die viel größer als die Keilweite am Entstehungsort ist. Außerdem zeigen die synthetischen Seismogramme, daß die theoretische Ankunftszeit der Rayleighwelle an der Keilachse mit der Ankunftszeit der L-Welle zusammenfällt. Hiermit wird das auf Seite 36 beschriebene Meßergebnis bestätigt.
Der Satz von der Umkehrbarkeit des Strahlenganges bestätigt sich beim Vergleich der Seismogramme in Abbildung 21 und 23. Das Signal in Abbildung 21 bei r=262cm ergibt - abgesehen vom Vorzeichen - den gleichen Verlauf wie das Seismogramm in Abbildung 23 bei r=0cm. Interessant ist, daß alle übrigen Seismogramme in beiden Abbildungen sich voneinander unterscheiden. Wenn die L-Welle auf der Keilachse entsteht, erzeugt sie zwei Einsätze auf ihrem Laufweg zur Keilöffnung. Umgekehrt, wenn eine Rayleighwelle zur Keilachse läuft, entstehen 3 Einsätze, von denen 2 bei Ankunft auf der Keilachse zu einem Einsatz verschmelzen.
Die Auftragung der Amplituden der L-Welle in Abbildung 24 läßt einen ähnlichen Verlauf wie in Abbildung 22 erkennen. Die Amplitude der sehr langen "longitudinalen Plattenwelle" ändert sich fast garnicht mit der Entfernung, was einen Widerspruch zu den Experimenten darstellt. Diese lange Welle ist nämlich der L-Welle in unmittelbarer Nähe der Keilachse vergleichbar, für die in den Messungen die Amplitude mit $r^{-0,7}$ zunimmt.

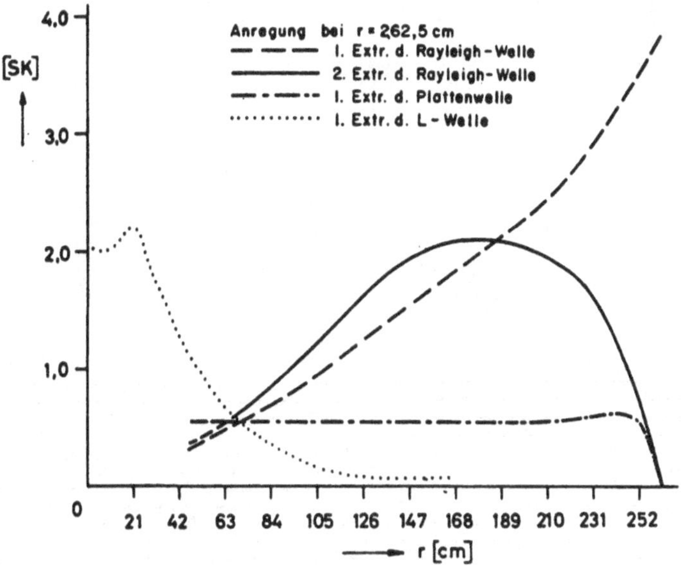

Abbildung 24. Amplituden aus Abbildung 23
Figure 24. Amplitudes taken from figure 23

Um den Unterschied zwischen den Wellen an Platten und an Keilen hervorzuheben, sind synthetische Seismogramme der longitudinalen Plattenwelle in Abbildung 25 dargestellt worden. Auch hier wurde das Signal Gl.(54) zugrunde gelegt. Die Dicke der Platte 2H ist etwa gleich der mittleren Keilweite in den Abbildungen 21 und 23. Auch für die elastischen Parameter wurden die gleichen Werte verwendet.

Bei kleinen Entfernungen vom Geber unterscheiden sich die Seismogramme an der Platte kaum von denen am Keil. Es bilden sich zwei deutliche Einsätze aus, die langwellige symmetrische Plattenwelle und die kurzwellige Rayleighwelle. Ähnlich wie beim Keil entsteht nach der

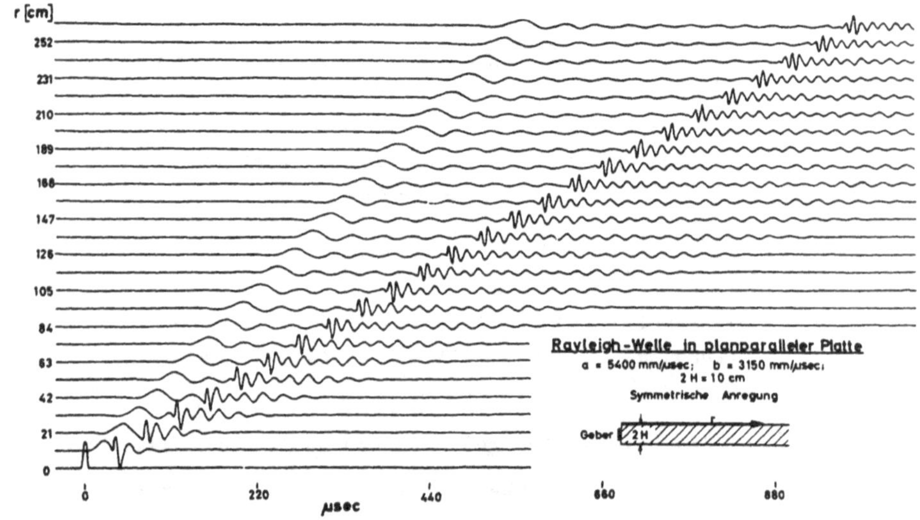

Abbildung 25. Symthetische Seismogramme der symmetrischen Plattenwelle

Figure 25. Synthetic seismograms of the symmetric plate wave

Rayleighwelle ein längerer Schwindungszug, der in die Airyphase minimaler Gruppengeschwindigkeit bei kH=2,0 überleitet. Die Schwingungen in der Airyphase bilden keinen deutlichen Einsatz, auch enden sie nicht abrupt wie beim Keil. Man bekommt einen langen Schwingungszug nahezu konstanter Perioden. Seine Amplitude erreicht ein undeutliches breites Maximum, um danach mit etwa konstanter Periode langsam abzunehmen. Die Dauer dieser Nachschwingung nimmt mit dem Laufweg zu. Aus Platzgründen ist nur der erste Teil des Seismogrammes gezeichnet worden, daß bei r=262cm in einem Zeitintervall von 1100µsec große Amplituden zeigt. (In diesem Falle mußte das Analysenintervall T entsprechend vergrößert werden.)
Hierin besteht ein wichtiger Unterschied zwischen den Wellen am Keil und denen an Platten. Beim Keil kommen die Schwingungen nach Eintreffen der L-Welle völlig zur Ruhe.

In Abbildung 25 wird unter der symmetrischen Plattenwelle das Signal in der Umgebung des Ersteinsatzes verstanden. Das energiereiche Signal mit großer Wellenlänge unmittelbar nach dem Ersteinsatz ist der Airyphase kH=0 (s.Abb.5) zuzuordnen und bedeutet die sogenannte "longitudinale Plattenwelle"; das Seismogramm zeigt, daß diese Welle nicht am Entstehungsort der Rayleighwelle erzeugt wird, sondern in einem etwas größeren Abstand davon. Dieser Abstand liegt in der Größenordnung der Wellenlänge.

Signalform der B-Welle

Nach den Seismogrammen in Abbildung 9 scheint die Signalform der B-Welle in der 2-Komponente nicht durch einen einfachen Cosinusbogen wie in Gleichung (54) darstellbar zu sein. Für die nachfolgenden Rechnungen wurde daher ein Signal vorausgesetzt, das aus 1,5 vollen Sinusschwingungen besteht:

$$(55)\qquad f(t) = \begin{cases} 0 & \text{für } -\frac{3E}{4} \geq t \geq -\frac{T}{2} \\ \frac{\pi}{2}\cos(\frac{2\pi t}{E}) & \text{für } -\frac{3E}{4} \leq t \leq +\frac{3T}{4} \\ 0 & \text{für } +\frac{3E}{4} \leq t \leq +\frac{T}{2} \end{cases}$$

Hierbei wurden folgende Daten benutzt:

$E=30\mu sec$, $T=600\mu sec$, $\delta=0{,}2$, $N=200$.

Abbildung 26 zeigt symthetische Seismogramme der 2-Komponente der B-Welle, gemessen auf der Winkelhalbierenden. Die B-Welle wird durch antisymmetrische Anregung bei r=262cm erzeugt. Das Signal schreitet zunächst mit geringer Verformung und der Geschwindigkeit der Rayleighwelle fort. Es erhält einige langperiodische Vorläufer mit sehr kleinen Amplituden. Weiterhin entsteht unter r=150cm eine kurzperiodische Nachschwingung, die dann aber wieder bei r=100cm verschwindet. Die Entstehtung einer Nachschwingung, sowie ihr Verschwinden in einer bestimmten Entfernung von der Keilachse wird auch experimentell beobachtet. Man vergleiche hiermit den Laufzeitplan der B-Welle Abbildung 11, in dem die Nachschwingung durch das Stück einer Laufzeitgerade zwischen r=95cm und 70cm gezeichnet worden ist.

Unter r=60cm nehmen die Amplituden der langwelligen Vorläufer stark zu. Es entsteht das Bild eines Schwingungszuges abnehmender Periode. Deutlich ist zu erkennen, wie die Phasen mit langer Periode im Signalanfang entstehen. Sie laufen mit wachsendem Laufweg durch das Signal hindurch, wobei sich die Periode verkleinert. Diese Tendenz bleibt bis r=10cm erhalten.

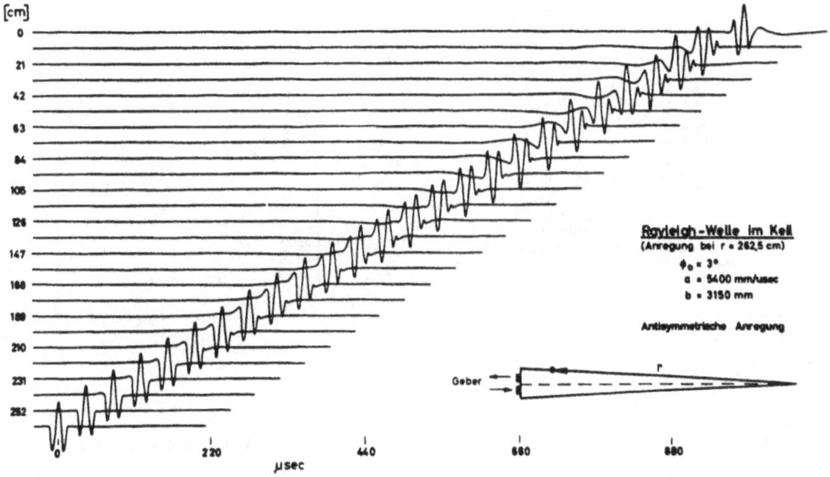

Abbildung 26. Synthetische Seismogramme der B-Welle. In der Nähe der Keilachse bildet die B-Welle einen Schwingungszug abnehmender Periode.

Figure 26. Synthetic seismograms of the B-wave. Near the corner the signal has a sinusoidal shape with decreasing period

Zur Interpretation sei auf Abbildung 27 verwiesen.

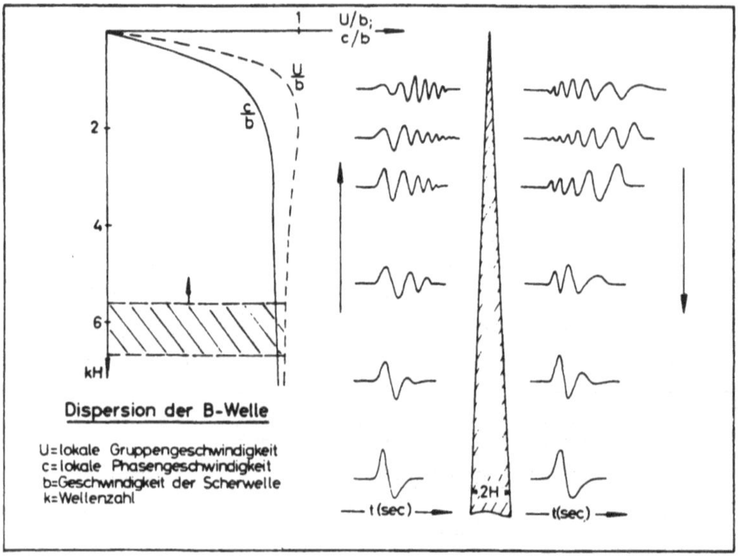

Abbildung 27. Zur Interpretation der Dispersion der B-Welle.
Figure 27. Diagram showing unique dispersion characteristics of the B-wave

Sie zeigt links die lokale Phasengeschwindigkeit c/b und die lokale Gruppengeschwindigkeit u/b der B-Welle im dimensionslosen Maßstab als Funktion von kH, wobei H den Abstand der Grenzflächen in der Mitte des Bereiches B des Keiles bedeutet. Wir nehmen an, im Abstand r_0 werde ein Signal erzeugt. Zu r_0 gehört die mittlere Keilweite $2H_0=2r_0\cdot\cot g\phi_0$. Das Signal besitzt ein Frequenzspektrum, das nur zwischen den Grenzen ω_1 und ω_2 starke Amplituden zeigt. Zu ω_1 und ω_2 gehören Wellenzahlen k_1 und k_2.

Bei H_0 entstehen dann Wellen, deren lokale Gruppengeschwindigkeiten vorwiegend zwischen $u(k_1H_0)$ und $u(k_2H_0)$ liegen. Das Spektrum umfasse den schraffierten Bereich der Dispersionskurve in Abbildung 28.

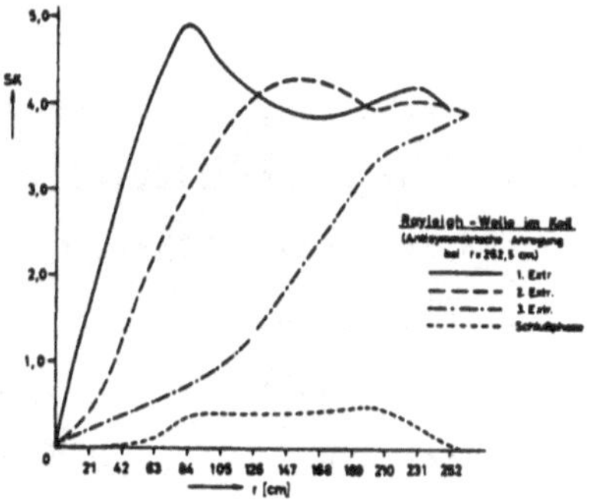

Abbildung 28. Amplituden aus Abbildung 26
Figure 28. Amplitudes taken from figure 26

Wenn dieses Signal sich auf die Keilachse zu bewegt, verschiebt sich der schraffierte Bereich nach oben, da H kleiner wird. Die Partialwellen mit der kleinsten Wellenzahl, also der größten Periode, besitzen die größte Gruppengeschwindigkeit. Sie "sammeln sich" im Signalanfang. Man bekommt das Schwingungsbild der Seismogramme oberhalb r=50cm. Die höchste lokale Gruppengeschwindigkeit wird bei kH=1,5 erreicht. Bis zu diesem Punkt bleibt Tendenz, nachdem ein Schwingungszug abnehmender Periode entsteht, erhalten. Wenn sich das Signal weiter der Keilachse nähert, wird dieser Prozeß wieder rückläufig, weil die lokale Gruppengeschwindigkeit der längsten Wellen rasch kleiner wird. Sie wird schließlich kleiner als die der kürzesten Wellen. Dieser Zustand wird unterhalb r=50cm erreicht. In diesem Bereich verformt sich das Signal nach einem Gesetz, das sich von der Dispersion an planparallelen Platten unterscheidet. Die Tatsache, daß mit wachsendem

Laufweg neue Phasen im Signalbeginn entstehen, läßt auf anormale Dispersion schließen. Bei anormaler Dispersion jedoch müßte das Signal mit kurzen Perioden beginnen und mit langen Perioden schließen. Genau das Umgekehrte ist beim Keil der Fall. Abbildung 28 zeigt die Auftragung der Amplituden der B-Wellen, die aus Abbildung 26 entnommen worden sind. Der periodische Verlauf der Amplituden mit r ist durch die Interferenz von Wellen unterschiedlicher Ausbreitungsrichtung erklärbar. Die Tatsache, daß die Amplituden der ersten 3 Extremwerte des Signales bei r=0cm verschwinden, bedeutet nicht, daß hier etwa die Energie des Signales verschwindet. Sie ist vielmehr durch die starke Dispersion zu erklären. Um den Unterschied zwischen den Wellen am Keil und denen an der Platte mit planparallelen Grenzflächen klarzumachen, wurden synthetische Seismogramme der antisymmetrischen Plattenwelle berechnet. Dabei wurde die gleiche Signalform wie in Abbildung 28 zugrunde gelegt. Abbildung 29 zeigt das Ergebnis. Da die dominierende Wellenlänge relativ klein, verglichen mit der Plattendicke 2H, ist, macht sich die Dispersion nur geringfügig bemerkbar. Bei großen Laufwegen tritt ein langperiodischer Vorläufer auf, dessen Geschwindigkeit nur wenig größer ist als die der Rayleighwelle. Er kann der Airyphase (kH=2, siehe Abb.5) zugeordnet werden. Abgesehen von dieser langen Welle unterscheidet sich die B-Welle von der antisymmetrischen Plattenwelle erheblich. In der Nähe der Keilachse bildet sie einen Schwingungszug abnehmender Periode, im Gegensatz zur antisymmetrischen Plattenwelle.

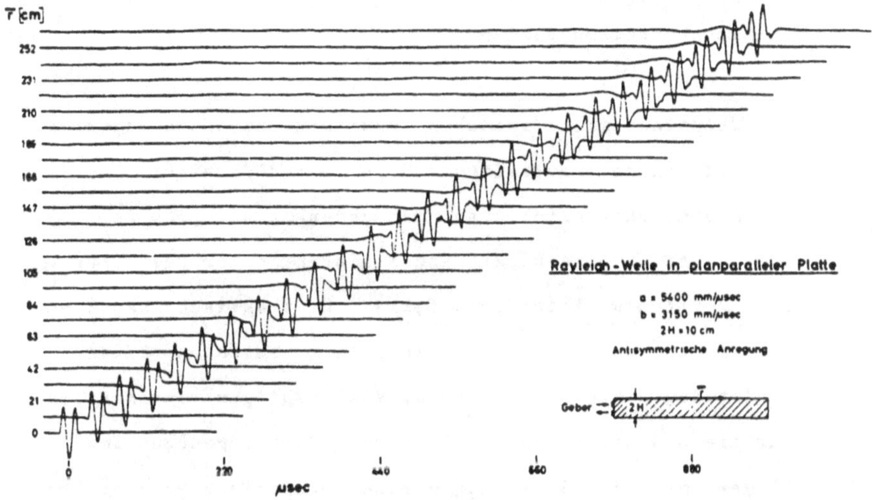

Abbildung 29. Synthetische Seismogramme der antisymmetrischen Plattenwelle

Figure 29. Synthetic seismograms of the antisymmetric plate wave

Die Ergebnisse der bisherigen Rechnungen lassen sich wie folgt zusammenfassen:

1. Die Laufzeiten werden exakt wiedergegeben.
2. Die Signalform der Keilwellen werden in guter Näherung dargestellt.
3. Das Amplituden-Entfernungsgesetz der Keilwellen stimmt überhaupt nicht mit dan experimentellen Ergebnissen überein.

b. Schlußfolgerungen für die Interpretation von Erdbebenseismogrammen.

Die Übereinstimmung zwischen Experiment und Näherungsrechnung ist in den Laufzeiten und der Signalform gut. Das ist besonders erstaunlich, wenn man bedenkt, wie grob der Ansatz war. Starke Diskrepanzen liegen in der Bestimmung der Amplituden. Aber diese fallen für praktische Aspekte weniger ins Gewicht, da nur in relativ seltenen Fällen Amplituden ausgewertet werden. Viel häufiger verwendet man nur die Laufzeiten der Rayleighwellen. Sie genügen im allgemeinen, dem Seismologen eine Vorstellung von der Struktur des Untergrundes zu geben, wenn gewisse plausible Annahmen berechtigt sind, z.B. eine horizontale, planparallele Schichtung. Da diese Annahme meistens begründet ist, setzt man oft ein solches Modell der Erdkruste und des Erdmantels voraus. Die Dispersionskurven seismischer Wellen lassen sich für ein angenommenes Modell vorausberechnen und mit den Meßergebnissen vergleichen. Für die Bestimmung der Gruppengeschwindigkeit der Rayleighwellen aus einer einzigen Erdbebenregistrierung hat man zu diesem Zweck ein Verfahren der Frequenzanalyse entwickelt. Dieses ermöglicht, die relative Laufzeit einer Wellengruppe innerhalb eines Seismogrammes als Funktion der Frequenz zu bestimmen. Die erhaltene Laufzeit wird als "Gruppenlaufzeit" bezeichnet. Sie vermittelt eine Vorstellung von der Gruppengeschwindigkeit unter der Voraussetzung, daß die Ursache der Dispersion unabhängig vom Ort ist. Das ist bei horizontal und planparallel geschichtetem Untergrund auch der Fall, nicht aber, wenn z.B. die Schichtgrenzflächen nicht parallel verlaufen, also ein Keil vorliegt. Aus den bisherigen Überlegungen in dieser Arbeit wird klar, daß von der Gruppenlaufzeit beim Keil nicht ohne weiteres auf die lokale Gruppengeschwindigkeit geschlossen werden darf. Sie ist vielmehr der über den gesamten Laufweg gemittelten reziproken lokalen Gruppengeschwindigkeit proportional und daher schwierig zu interpretieren. Es ist recht problematisch, korrekt von der Gesamtgruppenlaufzeit auf den mittleren Abstand der Grenzflächen im durchlaufenen Gebiet zu schließen, wenn diese Grenzflächen nicht parallel sind. Gerade diese Frage tritt bei der Interpretation von Erdbebenregistrierungen immer wieder auf. Daher soll die Gruppenlaufzeit bei der Wellenausbreitung am Keil genauer untersucht werden. Nach einer Herleitung, die z.B. bei SEIDL, MÜLLER und KNOPOFF (1966) zu finden ist, beträgt die Gruppenlaufzeit $t_g(n\omega)$ eines Signales U(t) mit der Fourierentwicklung

(56) $$U = A_n e^{i(n\omega-\delta_n)t}$$

(57) $$t_g \stackrel{\sim}{=} \Delta(\delta_n)/\Delta(n\omega) \quad ,$$

sofern A_n sich nur sehr langsam mit n ändert.

Die Gruppenlaufzeiten würden bei der symmetrischen und antisymmetrischen Plattenwelle in Abbildung 25 und Abbildung 29 nichts anderes als den reziproken Verlauf der Gruppengeschwindigkeit als Funktion der Frequenz multipliziert mit dem Laufweg ergeben. Daher wurden als Beispiel nur die Gruppenlaufzeiten der L- und B-Welle aus den Abbildungen 23 und 26 ausgewertet. Jedes Seismogramm wurde einzeln analysiert und t_g als Funktion der Frequenz graphisch aufgetragen. Die Resultate finden sich in den Abbildungen 30 und 31.

Die Ordinaten stellen die Frequenz in kHz, die nach links aufgetragenen Abszissen die Gruppenlaufzeiten in μsec dar. Jede der dargestellten Kurven in den Abbildungen 30 und 31 gehören zu einem Seismogramm in den Abbildungen 23 und 26. Im Falle der L-Welle (Abbildung 30) sieht man, daß in der Nähe des Entstehungsortes bei r_0=262,5cm - entsprechend den unteren Spuren aus Abbildung 23 - die Gruppenlaufzeit proportional der reziproken lokalen Gruppengeschwindigkeit ist. Würde die Wellenausbreitung nicht an einem Keil, sondern an einer Platte erfolgen, würde die Gruppenlaufzeit auf den folgenden Seismogrammen proportional dem Laufweg zunehmen. Bei Keil ist das aber nicht der Fall. Das Maximum der Gruppenlaufzeit bei 10kHz verbreitert sich bei Annäherung an die Keilachse. Dort reicht es schließlich von 11 kHz bis Unendlich. Die Verbreitung des Gruppenlaufzeit-Maximums darf als charakteristisch für die Wellenausbreitung am Keil angesehen werden. Sie hängt eng mit der Entstehung der L-Welle in der Nähe der Keilachse zusammen. Die Gruppenlaufzeit z.B. des Seismogrammes bei r=42cm ist folgendermaßen zu interpretieren: Als Ersteinsatz

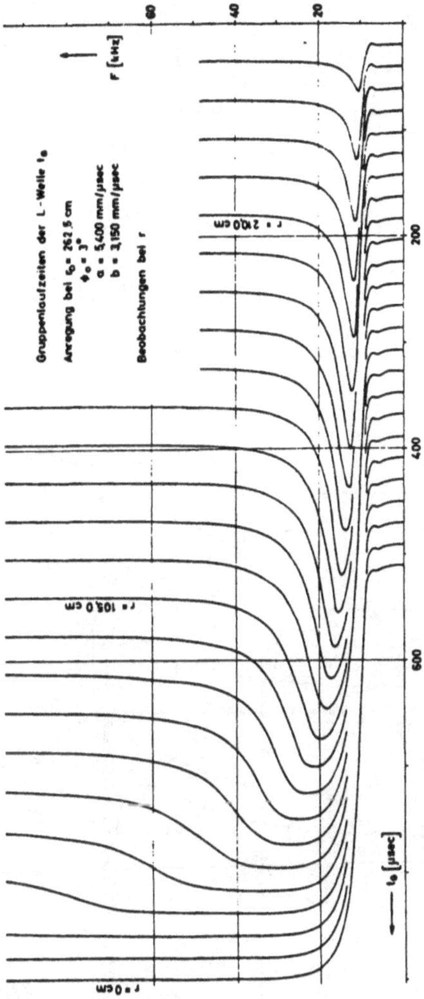

Abbildung 30. Gruppenlaufzeiten der L-Welle t_g.
In der Nähe der Keilachse erscheint eine charakteristische Verbreiterung des Maximums der Gruppenlaufzeit bei ca.12kHz

Figure 30. Group traveltime of the L-wave t_g.
This figure shows the characteristic broadening of the traveltime peak at 12kcps near the corner of the wedge

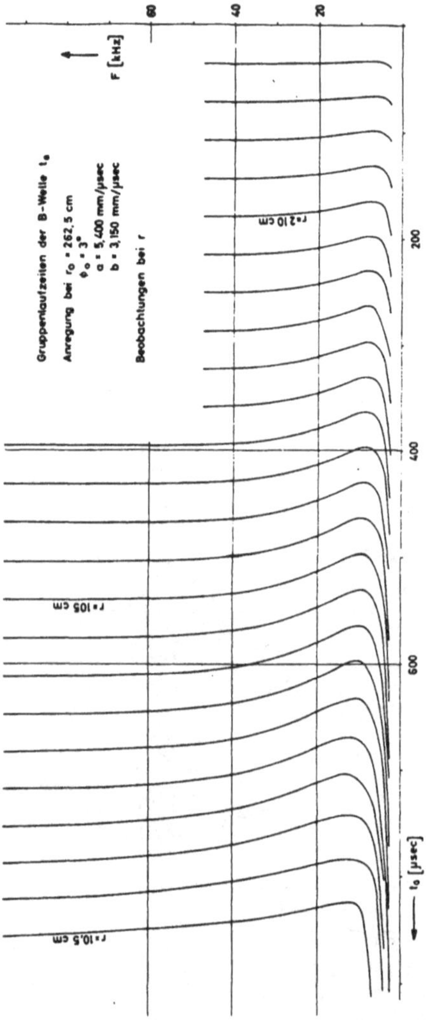

Abbildung 31. Gruppenlaufzeiten der B-Welle t_g

Figure 31. Group travel time of the B-wave

tritt ein kräftiges Signal mit Perioden unter 10 kHz und einer Laufzeit von rund 400 µsec auf. Dann folgen Nachschwingungen mit wenig Energie, die durch das steile Ansteigen der t_g-Kurve zwischen 10 und 15 kHz zu erklären sind. Bei rund 780 µsec treten hochfrequente Schwingungen mit zunehmender Periode auf. Diese gehören zu der Asymptote der t_g-Kurve bei sehr hohen Frequenzen. Mit der Laufzeit von rund 800 µsec erreicht schließlich die L-Welle, ein kräftiges Signal mit der Geschwindigkeit der Plattenwelle, den Beobachtungspunkt. Ihre Bandbreite ist groß, woraus zu schließen ist, daß das Signal von kurzer Dauer sein muß. Aus der Breite des t_g-Maximums läßt sich ablesen, daß Frequenzen zwischen 20 und 45 kHz im Signal enthalten sein müssen. Man lernt aus dieser Beobachtung, daß eine anormale Verbreiterung eines Gruppenlaufzeitmaximums in der Erdbebenseismik durchaus durch eine keilförmige Mächtigkeitsänderung im Untergrund hervorgerufen sein kann.
Die t_g-Kurven der B-Welle in Abbildung 31 sind entsprechend zu interpretieren. Das schwache Minimum der Gruppenlaufzeit bei 8 kHz hebt sich mit zunehmendem Laufweg immer mehr heraus, wobei eine langsame Verschiebung zu höheren Frequenzen eintritt. In der Nähe der Keilachse tritt eine Verflachung ein. Auch die Gruppenlaufzeit der B-Welle verhält sich anders als die der antisymmetrischen Plattenwelle. Die Vorgänge sind aber weniger übersichtlich als bei der L-Welle.

c. Fehlerabschätzung

Es soll jetzt geprüft werden, wie man die Qualität der Näherung durch eine Fehlerrechnung kontrollieren kann.

Da die exakte Lösung der Wellengleichung für den festen Keil unbekannt ist, kann auch die Abweichung von dieser Lösung nicht gefunden werden. Man muß daher nach anderen Wegen suchen, um ein Maß für die Güte der Näherung zu erhalten. Selbstverständlich besteht die entscheidende Kontrolle im Vergleich mit dem Experiment. Diese Kontrolle ist durchgeführt worden und ergibt Übereinstimmung in den Laufzeiten innerhalb gewisser meßtechnisch bedingter Fehlergrenzen und eine Diskrepanz in den Amplituden. Diese Diskrepanz deutet darauf hin, daß das Amplituden-Entfernungsgesetz nicht nur durch die Dispersion zu erklären ist, sondern daß andere Ursachen mit eine Rolle spielen. Man könnte z.B. in Betracht ziehen, daß die berechnete Welle die Randbedingungen nicht befriedigt, und daß man sekundäre Wellen hinzufügen muß, um dieses zu erreichen. Die Überlagerung beider Wellen ergäbe dann ein Amplituden-Entfernungsgesetz, das unter Umständen den Meßergebnissen besser gerecht wird. Experimentell läßt sich diese Frage nicht klären, und zwar aus mehreren Gründen. Erstens würde man die Superposition beider Wellen messen, wobei die Trennung der beiden voneinander problematisch ist. Zweitens sind jeder Aussage auf Grund experimenteller Ergebnisse natürliche Grenzen durch die Meßgenauigkeit gesetzt. Man kann z.B. die Amplitude der L-Welle wegen des statistischen Störpegels und der Überlagerung mit unerwünschten Wlien nur innerhalb gewisser Fehlergrenzen angeben. Daher soll ein analytischer Weg zur Prüfung beschritten werden.Die Grenzflächen des Keiles müssen jedenfalls frei von Spannungen sein. Bei der hier durchgeführten Näherung trifft das aber nicht zu. Es bleiben "Restspannungen" übrig, die umso weniger ins Gewicht fallen, je kleiner der Keilöffnungswinkel ist. Diese "Restspannungen" werden außerdem von den elastischen Parametern, dem Abstand von der Keilachse und von der Amplitude der einfallenden Welle abhängen. Ihre Größe, verglichen mit einer Spannungskomponente, die nicht verschwindet, könnte als ein indirektes Maß für den Fehler der Näherung dienen.

Um die Restspannungen berechnen zu können, wird ein neues kartesisches Koordinatensystem $\bar{1}$, $\bar{2}$ eingeführt. Entsprechend Abbildung 20 fällt die $\bar{1}$-Achse mit der unteren Keilgrenzfläche zusammen. Auf S_2 müssen $\sigma_{\bar{2}\bar{2}}$ und $\sigma_{\bar{1}\bar{2}}$ verschwinden, $\sigma_{\bar{1}\bar{1}}$ aber nicht. Für die geplante Abschätzung genügt also eine Gegenüberstellung dieser 3 Spannungskomponenten auf S_2. Der Vergleich soll genau in der Mitte des Bereiches B erfolgen. Hier schneiden die Keilgrenzflächen S_1 und S_2 die Grenzflächen der gedachten Platte mit den parallelen Grenzflächen $S_1^{\prime}$ und $S_2^{\prime}$. Wenn der Öffnungswinkel ϕ_0 nicht zu groß ist, darf man annehmen, daß die Spannungsamplituden links und rechts davon innerhalb B nur wenig von den Beträgen in der Mitte abweichen. Die Restspannungen in der Mitte von B werden daher ein repräsentatives Maß für die Restspannungen innerhalb von B ergeben. In der Berechnung der Spannungen soll weiter angenommen werden, daß die lokale Phasengeschwindigkeit sich so langsam mit x_1 ändert, daß dc/dx_1, verglichen mit allen anderen vorkommenden Werten, vernachlässigbar klein ist. Wenn der Keilöffnungswinkel klein ist, dürfte diese Vernachlässigung keinen großen Fehler verursachen.

Die Abschätzung soll nur für die symmetrische Lösung, d.h. die L-Welle, durchgeführt werden. Im Absatz C dieser Arbeit ist experimentell nachgewiesen worden, daß L- und B-Welle, abgesehen vom Anregungsmechanismus, unabhängig voneinander sind. Die L-Welle erfüllt demnach allein, ohne Hinzufügen einer weiteren Welle, die Randbedingungen. Im Anhang II werden die Formeln für die Spannungen $\sigma_{\overline{11}}$, $\sigma_{\overline{22}}$ und $\sigma_{\overline{12}}$ hergeleitet. An dieser Stelle sollen nur die Ergebnisse zusammengefaßt werden:

1. Die Tangentialspannung auf S_2 ist gleich der negativen Tangentialspannung auf S_1.
2. Die Normalspannungen auf S_1 und S_2 sind gleich.
3. Normal- und Tangentialspannungen an den Grenzflächen sind proportional dem Keilöffnungswinkel.
4. $\sigma_{\overline{11}}$ ist an den Grenzflächen in erster Näherung proportional dem Quadrat des Cosinus des Öffnungswinkels.

Abbildung 32 veranschaulicht den Verlauf der Restspannungen und der Spannungskomponente $\sigma_{\overline{11}}$ für eine Welle fester Periode. Die geometrischen und elastischen Parameter sind die gleichen wie in allen vorherigen Rechnungen. Im Durchschnitt machen die Restspannungen bei $\phi_0=2{,}5^\circ$ nur 5% von $\sigma_{\overline{11}}$ aus. Diese Zahl darf man ohne weiteres als Maß für den Fehler in den Spannungen nehmen. Man sieht, daß die benutzte Näherung sehr gut sein muß. Zwar sagt das Ergebnis nichts über den Fehler des Verschiebungsvektors aus. Es besagt lediglich, daß die Sekundärwellen, die man hinzufügen müßte, um die Restspannungen ganz zum Verschwinden zu bringen, klein gegen die Amplitude der Primärwelle sein müssen. Eine Verbesserung

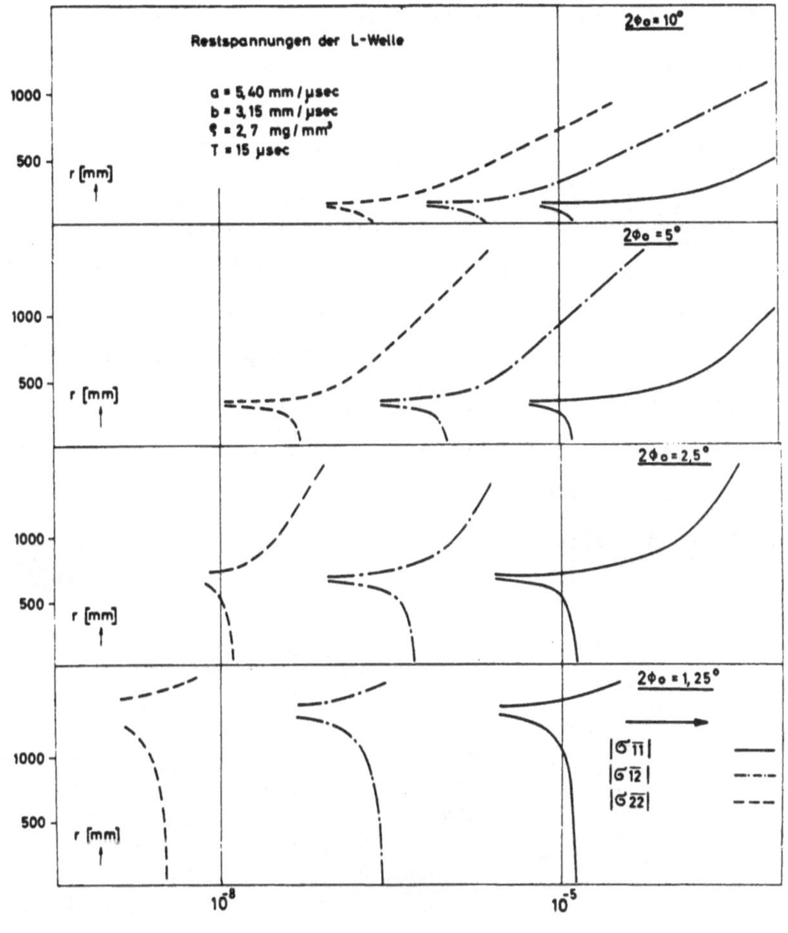

Abbildung 32. Spannungskomponenten der L-Welle an der oberen Grenzfläche. $\sigma_{\bar{1}\bar{2}}$ und $\sigma_{\bar{2}\bar{2}}$ sollten verschwinden, $\sigma_{\bar{1}\bar{1}}$ nicht. Die Restspannungen von $\sigma_{\bar{1}\bar{2}}$ und $\sigma_{\bar{2}\bar{2}}$ geben eine Vorstellung von der Qualität der hier beschriebenen Näherung.

Figure 32. Components of stresses on the upper boundary σ_{11},$\sigma_{\bar{1}\bar{2}}$ and $\sigma_{\bar{2}\bar{2}}$ for the case of L-waves. The values of $\sigma_{\bar{1}\bar{2}}$ and $\sigma_{\bar{2}\bar{2}}$ should vanish. Their amplitudes indicate the validity of the approximation used here.

der bisherigen Näherung wäre durch Berechnung der Sekundärwellen möglich, jedoch ist abzusehen, daß hiermit das Ergebnis nicht stark verändert werden kann.

d. Verbesserung der Näherung durch Anwendung des Energiesatzes.

Dieses Ergebnis berechtigt zu einer sehr wichtigen Folgerung: Wenn die L-Welle den Keil durchläuft, verliert sie nur sehr wenig Energie durch Erzeugung von sekundären Wellen. Demzufolge darf sie im Rahmen dieser Näherung als ein abgeschlossenes System angesehen werden. Diese Überlegung soll jetzt dazu dienen, eine Verbesserung der bisherigen Näherung vorzunehmen. Abbildung 33 veranschaulicht die Situation.

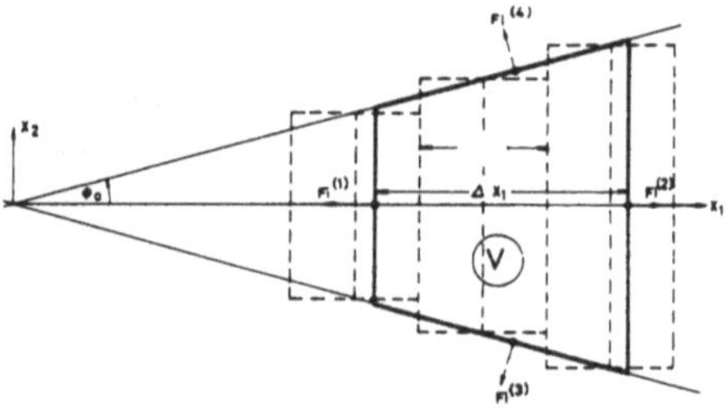

Abbildung 33. Zum Energietransport der Keilwellen
Figure 33. Energy transport by wedge waves

Man betrachtet ein abgeschlossenes Volumen V im Keil. Die Oberfläche F_i von V möge in dem vorliegenden zweidimensionalen Problem durch die Flächenstücke $F_i^{(1)}$, $F_i^{(2)}$, $F_i^{(3)}$ und $F_i^{(4)}$ dargestellt werden. Die Gesamtenergie in V sei $\overline{E}$. Der Energieströmungsvektor e_i ist nach der bekannten Formel (siehe z.B.SAVARENSKI und KIRNOS 1960)

(58) $$e_i = \sigma_{ij} \dot{u}_j$$

zu berechnen.

Die Gesamtenergie ist eine Konstante. Folglich muß die Energie, welche in der Zeiteinheit in V eindringt, gleich der Energie sein, welche in der Zeiteinheit das Volumen verläßt.

(59) $$\frac{d\overline{E}}{dt} = \oint_{F_i} e_i dF_i = 0$$

Gleichung (59) bedeutet, daß e_i im Volumen V keine Quellen hat. Das Integral in (59) kann man in 4 Teilintegrale zerlegen:

(60) $$0 = \int_{F_i^{(1)}} e_i dF_i^{(1)} + \int_{F_i^{(2)}} e_i dF_i^{(2)} + \int_{F_i^{(3)}} e_i dF_i^{(3)} + \int_{F_i^{(4)}} e_i dF_i^{(4)}$$

Die Restspannungen an den Grenzflächen $F_i^{(3)}$ und $F_i^{(4)}$ sind nach der Abschätzung im letzten Absatz vernachlässigbar klein, wenn der Keilöffnungswinkel nicht größer als 5° ist. Daher dürfen auch die Integrale über diese Grenzflächen vernachlässigt werden. Der Keil wird durch eine Stufenfolge von Platten gleichbleibender Dicke angenähert. Innerhalb einer Platte soll die Phasengeschwindigkeit c unabhängig von x_1 und x_2 sein. Die Breite der einzelnen Stufen sei $\overline{\Delta x_1} = \delta/(\omega \operatorname{tang}\phi_0)$. Auf jeden Fall muß die Länge des Volumens Δx_1 größer sein als die Stufenbreite. Man erhält wegen

$$dF_i^{(1)} = (-dx_2 dx_3, 0, 0), \quad dF_i^{(2)} = (dx_2 dx_3, 0, 0)$$

und wegen der vorausgesetzten Unabhängigkeit des Integranden von x_3

(61) $$\int_{-x_1 \operatorname{tang}\phi_0}^{+x_1 \operatorname{tang}\phi_0} e_i(x_1, x_2) dx_2 = \int_{-(x_1+\Delta x_1)\operatorname{tang}\phi_0}^{+(x_1+\Delta x_1)\operatorname{tang}\phi_0} e_i(x_1+\Delta x_1, x_2) dx_2$$

x_1 kann beliebige Werte annehmen, soll nur größer sein als $\Delta\tilde{x}_1$, um triviale Aussagen zu vermeiden. Daher muß das Integral (61) unabhängig von x_1 sein. Es bedeutet physikalisch die Energie, welche pro Zeiteinheit durch den Flächenquerschnitt des Keiles strömt. Die gesamte Energie erhält man durch Integration über die Zeit. Da die Zeitabhängigkeit durch

$$\sigma_{1i} = \Omega_{1i} e^{i(\omega t - kx_1)} \qquad u_i = U_i e^{i(\omega t - kx_1)}$$

dargestellt werden kann, bekommt man wegen

$$\sigma_{1j} u_j = \Omega_{1j} U_j e^{2i(\omega t - kx_1)} \tag{62}$$

für $\overline{E}$ folgenden Ausdruck:

$$\int_{-\infty}^{+\infty} i\omega \int_{-x_1 \operatorname{tang}\phi_0}^{+x_1 \operatorname{tang}\phi_0} \Omega_{1j} U_j e^{2i(\omega t - kx_1)}\, dx_1 dt = \overline{E} \tag{63}$$

Im Falle einer harmonischen Welle ist dieses Integral nicht lösbar. Es genügt dann aber, die mittlere Energie E_m zu kennen, die man durch Integration über die Zeit einer Viertelperiode T/4 und Division durch T/4 erhält. Hierbei muß vorausgesetzt werden, daß die Integrationsreihenfolge vertauscht werden kann. Die Integration über t führt auf einen übersichtlichen Ausdruck, wenn man die obere Integrationsgrenze durch

$$t_2 = kx_1/\omega - p + \pi/(2\omega)$$

und die untere durch

$$t_1 = kx_1/\omega - p$$

ersetzt, wobei

$$p = \operatorname{arctang}\left(\frac{\operatorname{Im}(\Omega_{1j}U_j)}{\operatorname{Re}(\Omega_{1j}U_j)}\right) \text{ ist.}$$

Man erhält dann

$$\overline{E}_m = \frac{4}{T} \int_{-x_1 \operatorname{tang}\phi_0}^{+x_1 \operatorname{tang}\phi_0} |\Omega_{1j}U_j|\, dx_2 = \text{const.} \tag{64}$$

Da $\overline{E}_m$ unabhängig von x_1 ist, läßt sich aus Gleichung

(64) die Amplitude der Welle mit der Kreisfrequenz als Funktion des Ortes bestimmen. Diese Art der Amplitudenberechnung ist nicht auf keilförmige Medien beschränkt. Man könnte ohne weiteres auch gekrümmte Grenzflächen voraussetzen, sofern die Neigung derselben gegeneinander nicht zu groß ist. Die Form der Grenzflächen spielt für die Integration überhaupt keine Rolle, da sie nur in den Integrationsgrenzen auftrtitt. In Anlage III wird gezeigt, daß die Integration elementar durchführbar ist. Sie führt allerdings auf lange Formeln, die hier nicht diskutiert werden sollen. Ergebnisse von gerechneten numerischen Beispielen finden sich in den Abbildungen 34 bis 37.

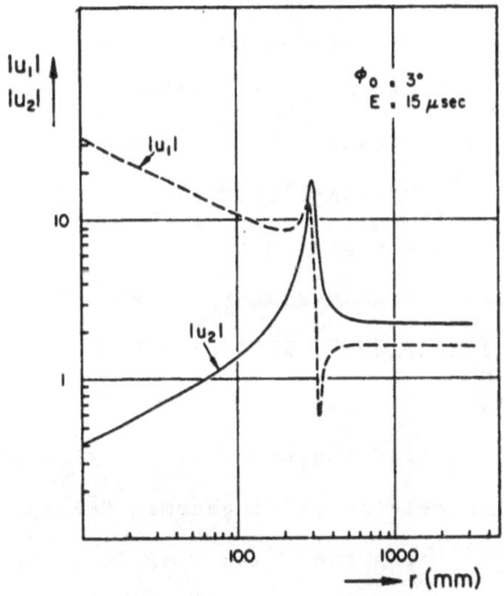

Abbildung 34. Amplituden der L-Welle u_1 und u_2 als Funktion des Laufweges, Registrierung an der oberen Grenzfläche

Figure 34. Amplitudes of the L-wave u_1 and u_2 as a function of distance r, observation at the upper boundary

Abbildung 34 zeigt die Beträge der Amplituden der L-Welle u_1 und u_2 für eine Periode von 15 µsec an der oberen Keilgrenzfläche. Alle geometrischen und elastischen Parameter sind die gleichen wie in den vorherigen Rechnungen. Hiernach ergibt sich folgendes Bild der Wellenausbreitung:
In großer Entfernung r schreitet die L-Welle ohne Veränderung ihrer Amplitude fort. Das Verhältnis u_2/u_1 beträgt 1,47. Hieraus ist zu schließen, daß die Arbeitsbedingungen der Rayleighwelle am Halbraum vorliegen.
Ihre Energie ist an die Grenzflächen gebunden, da die Amplitude im Inneren des Keiles verschwindet. (Vgl.Abb.37.)
Etwa bei r=36cm verschwindet die Komponente u_1,u_2 dagegen erreicht ein Maximum. Bei kleineren r wird u_1 negativ, was einer Umkehrung der Partikelbahn entspricht. u_2 fällt unter r=34cm stark ab, wogegen u_1 nach einem Gesetz der Form $r^{-0,5}$ zunimmt. In der Nähe der Keilachse erhält man eine vorwiegend longitudinale Schwingungsform. Dieses Ergebnis erscheint vom physikalischen Gesichtspunkt her vernünftig zu sein. Eine experimentelle Bestätigung des Amplitudengesetzes ist zwar versucht worden, jedoch sind diese Versuche fehlgeschlagen, weil die Interferenz mit der B-Welle eine zuverlässige Messung unmöglich machte.
Im Absatz C.6. werden die Bahnkurven der L-Welle beschrieben, die unter relativ störungsarmen Meßbedingungen gewonnen wurden. Aus ihnen sieht man, daß der Umlaufsinn der Partikelbewegung an der oberen Grenzfläche des Keiles sich fortwährend ändert. Dieser Vorgang ist ohne weiteres im Zusammenhang mit Abbildung 34 zu interpretieren.

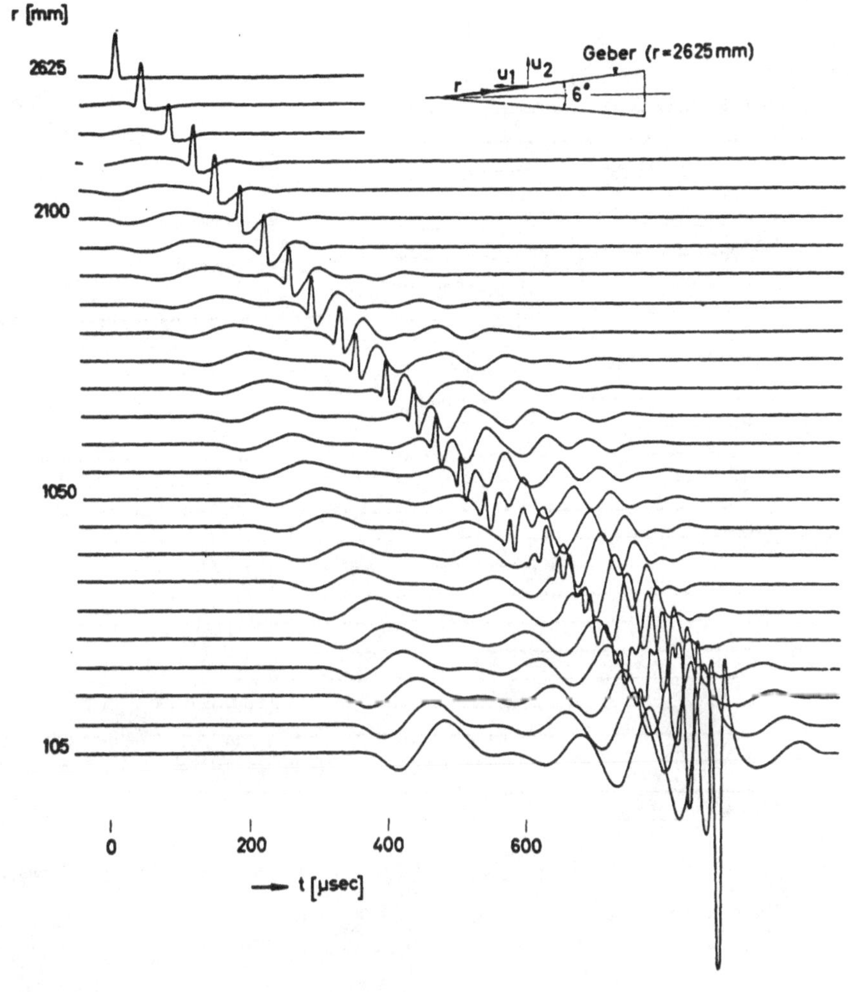

Abbildung 35. Synthetische Seismogramme der L-Welle u_1. Verbesserte Näherungsrechnung

Figure 35. Synthetic seismograms of the L-wave u_1. Improved approximation

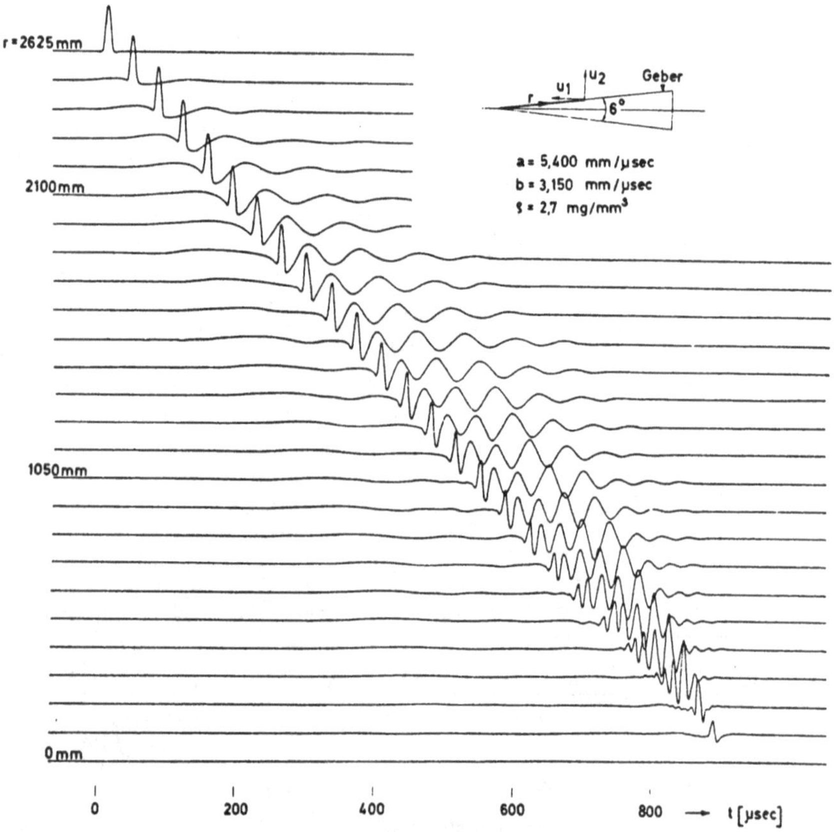

Abbildung 36. Synthetische Seismogramme der L-Welle u_2. Verbesserte Näherung

Figure 36. Synthetic seismograms of the L-wave u_2. Improved approximation

Die Abbildungen 35 und 36 stellen synthetische Seismogramme der L-Welle in den beiden Komponenten u_1 und u_2 auf der oberen Grenzfläche S_1 dar. In diesen beiden Beispielen wurde eine Signalform f(t) für den Anregungsort vorgegeben, die samt ihrer ersten Ableitung df(t)/dt stetig ist. Es hatte sich nämlich ergeben, daß die Signalformen in Gleichung (54) und Gleichung (55) wegen des Auftretens von numerischen Instabilitäten ungeeignet sind.

Für beide, u_1 und u_2, wurde die gleiche Anregungsfunktion

$$(64) \qquad f(t) = \begin{cases} 0 & \text{für } -T/2 \leq t \leq -E/2 \\ \frac{\pi}{2}(1+\cos(\frac{2\pi t}{E})) & \text{für } -E/2 \leq t \leq +E/2 \\ 0 & \text{für } +E/2 \leq t \leq +T/2 \end{cases}$$

verwendet, sie sind also nicht untereinander vergleichbar. Beide Darstellungen zeigen aber, daß auch in der verbesserten Näherung alle charakteristischen Kennzeichen der Signalverformung erhalten bleiben. Was hinzukommt, ist eine Zunahme der Amplituden von u_1 und eine Abnahme der Amplituden von u_2 in der Nähe der Keilachse.

Der Verlauf des Verschiebungsvektors der L-Welle auf der Winkelhalbierenden ist aus Abbildung 37 zu ersehen. Da die Transversalkomponente u_2 überall verschwindet, wird nur der Betrag von u_1 dargestellt. Auch in diesem Rechenbeispiel ist das Signal f(t) aus Gleichung (64) verwendet worden. Es bedeutet u_1 am Entstehungsort r=2625cm, $\phi=\phi_0$. Dieser Amplitudenverlauf gibt für jedes r die größte Auslenkung von u_1 an. Er ist daher - unter der Voraussetzung, daß f(t) mit dem Rayleighwellen-Signal im Experiment am Geber übereinstimmt - direkt mit den Meßergebnissen vergleichbar.

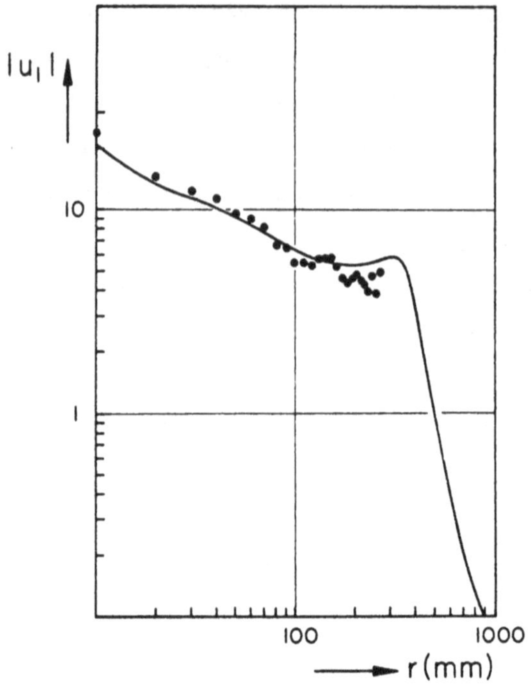

Abbildung 37. Amplitude des L-Signales u_1 auf der Winkelhalbierenden

Figure 37. Amplitudes at the center of the wedge (ϕ=0) in the case of an L-signal

Die Meßpunkte der Amplituden sind als Punkte eingetragen worden. Die Übereinstimmung mit der theoretischen Kurve ist recht gut. Die Abweichungen der meisten Punkte liegen in der Größenordnung der Meßgenauigkeit von 5%. Der starke Amplitudenabfall für r>35cm konnte nicht gemessen werden, weil die Amplituden zu klein waren.

Die Näherung ließe sich verbessern, wenn man die geringe Energie berechnet, die durch die Erzeugung von Sekundärwellen an den Grenzflächen verlorengeht. Da die Restspannungen berechnet werden können, ist auch die Energiebilanzgleichung unter Mitführung der Beiträge von $F_i^{(3)}$ und $F_i^{(4)}$ bestimmbar. Jedoch kann man absehen, daß hierdurch das bisherige Resultat kaum verändert wird. Der Energieentzug wird sich als eine geringe Strahlungsextinktion bemerkbar machen, solange man die Interferenz mit Sekundärwellen außer Acht läßt. Weiterhin wäre an eine Verbesserung der Näherung durch Berücksichtigung der Ableitung dc/dx_1 in allen Formeln zu denken.

Bei komplizierteren Strukturen, z.B. einem Keil kleiner Wellengeschwindigkeit über einem Halbraum hoher Wellengeschwindigkeit, könnte man ähnlich vorgehen. Zunächst wäre eine Kontrolle der Randbedingungen erforderlich. Die Verhältnisse sind komplizierter, weil an der Grenzfläche Keil gegen Halbraum die Stetigkeit nicht nur der Spannungen, sondern auch der Verschiebungen erforderlich sind. Hiernach wäre zu entscheiden, welche Vernachlässigungen der Energiebilanzgleichung statthaft sind.

F. Zusammenfassung und Folgerungen für die Seismik

Diese Arbeit behandelt die Ausbreitung von Rayleighwellen an einem Keil mit kleinem Öffnungswinkel in Luft. In einer Literaturzusammenstellung werden die zum Verständnis der Fragestellung wichtigen Einzelheiten diskutiert. Hieraus geht hervor, daß sehr viele Autoren die Wellenausbreitung am Keil mit der Dispersionstheorie planparalleler Platten interpretieren, obgleich diese Näherung und ihre Berechtigung heute noch sehr wenig untersucht

worden sind. Die Arbeiten, welche die Frage nach der Berechtigung der Approximation stellen, werden kritisch miteinander verglichen. Dann erfolgt eine Beschreibung eigener modellseismischer Messungen an einem Aluminiumkeil mit 5° Öffnungswinkel. Die zur Keilachse laufende Rayleighwelle zerfällt in zwei voneinander unabhängige Systeme, sobald der örtliche Keildurchmesser in der Größenordnung der Wellenlänge liegt. Diese beiden Systeme werden mit L- und B-Welle bezeichnet. Die Verschiebung der L-Welle ist symmetrisch, die der B-Welle antisymmetrisch zur Winkelhalbierenden. Die Phasengeschwindigkeit beider Wellen ist vom Ort abhängig. Die "lokale Phasengeschwindigkeit" kann im Rahmen meßtechnisch bedingter Abweichungen durch die Dispersionstheorie einer Platte mit parallelen Grenzflächen beschrieben werden. Hiernach ist die L-Welle der symmetrischen und die B-Welle der antisymmetrischen Plattenwelle vergleichbar. Kennzeichnend für L- und B-Welle ist, daß beide gleichzeitig die Keilachse erreichen, wo sich derAnregungsort auch befinden mag. Ihre Laufzeit ist dabei gleich der theoretischen Laufzeit der Rayleighwelle am Halbraum vom Geber zur Keilachse. Das ist erstaunlich, weil die Rayleighwelle in der Nähe der Keilachse gar nicht beobachtet wird, andererseits, weil B- und L-Welle stark unterschiedliche örtliche Geschwindigkeiten haben. Die beiden Wellen sind nicht untereinander - z.B. durch ein bestimmtes Amplitudenverhältnis - verknüpft, wenn man den Anregungsmechanismus außer Acht läßt.
Wenn die Wellen auf die Keilachse zulaufen, nehmen

ihre Amplituden zu, wenn sie sich von ihr entfernen, nehmen sie ab. Dieser Mechanismus ist besonders bei der L-Welle deutlich. Das Amplituden-Entfernungs-Gesetz kann nur in der Umgebung der Keilachse bestimmt werden, weil in größeren Abständen die Interferenz mit anderen Wellen stört. Das Gesetz hat etwa die Form $r^{-0,7}$, wenn der örtliche Keildurchmesser klein gegen die dominierende Wellenlänge ist. Bei größerem Abstand weichen die Amplituden zu größeren Werten hin ab. Als Ursache für die Amplitudenzunahme wäre einerseits die Querschnittsverjüngung des Keiles zu nennen. Weiterhin spielt die phasengerechte Superposition aller Partialwellen des Signales eine Rolle. Sie wird gerade in der Nähe der Keilachse wirksam. Der Effekt ist bei der L-Welle klar zu beobachten und kann durch die Dispersionstheorie planparalleler Platten beschrieben werden. Bei der B-Welle spielt er keine Rolle.

Das Gesetz, nach dem ein Signal sich beim Durchlaufen eines Keiles verformt, unterscheidet sich von dem Gesetz, das bei einer planparallelen Platte wirksam ist. Bei einer Platte ist die Phasenlaufzeit einer Sinuswelle bestimmbar aus der Phasengeschwindigkeit. Diese wird durch Frequenz und Plattendicke vorgegeben. Beim Keil dagen erhält man die Phasenlaufzeit aus dem Mittelwert der reziproken "lokalen Phasengeschwindigkeit"zwischen Quelle und Beobachtungspunkt. Unter dieser Voraussetzung lassen sich synthetische Seismogramme berechnen. Wenn man für die Rechnung annimmt, daß die Amplitude einer Partialwelle des Signales sich nicht mit dem Laufweg ändert, erhält man bereits eine gute Übereinstimmung mit den Meßergebnissen. Auch die Beobachtung, daß L- und B-Welle gleichzeitig die Keilachse erreichen, und daß ihre Laufzeit dabei gleich der theoretischen Laufzeit der Rayleighwelle ist, wird exakt wiedergegeben. Daraus folgt, daß man für die Vorhersage der Laufzeiten und der Signalform die Dispersionstheorie planparalleler Platten verwenden darf Abweichungen von den experimentellen Ergebnissen liegen nur beim Amplituden-Entfernungs-Gesetz vor.

Der Fehler der Näherung wird durch eine Bestimmung der "Restspannungen" an den Keilgrenzflächen kontrolliert, Diese "Restspannungen" sollten umso kleiner sein, je besser die Näherung ist. Bei Keilöffnungswinkeln bis 5° sind ihre Beiträge so klein, daß man ihren Einfluß vernachlässigen darf. Diese Kontrolle gibt allerdings noch kein Maß für den Amplitudenfehler. Das Zurückbleiben von Restspannungen deutet darauf hin, daß an den Grenzflächen Sekundärwellen entstehen müssen, die sich der Primärwelle fortlaufend überlagern. Die Amplituden dieser Wellen sind aber bestimmt klein, wenn der Öffnungswinkel klein ist. Da die Restspannungen so klein sind, ist hieraus derSchluß zu ziehen, daß die Keilwellen kaum Energie durch Erzeugung von neuen Wellen verlieren. Die Annahme, daß die Keilwellen abgeschlossene Systeme bilden, kann daher nicht allzu falsch sein. Eine Anwendung des Energieerhaltungssatzes führt zu einer Verbesserung der Näherung. In dieser Näherung wird die Amplitude als Funktion des Ortes angegeben. Sie gibt außerdem Auskunft über beide Komponenten des Verschiebungsvektors u_1 und u_2. In großer Entfernung von der Keilachse liegen die Ausbreitungsbedingungen einer Rayleighwelle am Halbraum vor: Hier ist die Amplitude unabhängig vom Laufweg. Die Energie ist an die Grenzflächen des Keiles gebunden. Wenn die Wellenlänge in der Größenordnung der örtlichen Keilweite liegt, ändern sich beide Komponenten mit dem Ort. u_1 verschwindet in einer bestimmten Entfernung von der Keilachse und ändert das Vorzeichen bei kleineren r, wenn eine L-Welle vorliegt. Für die L-Welle läßt sich dann zeigen, daß u_1 für kleine kr wie $(kr)^{-0,5}$ ansteigt und u_2 wie $(kr)^{+0,5}$ verschwindet. Die Tatsache, daß experimentell ein Gesetz der Form $r^{-0,7}$ für u_1 gemessen wurde, kann befriedigend durch die Interferenz von Partialwellen im L-Wellensignal erklärt werden. Für die Praxis sind die Aspekte, die sich aus den Laufzeiten ergeben, viel wichtiger als die Amplituden. Das Hilfsmittel der Frequenzanalyse, das in der Erdbebenseismik zur Bestimmung von Phasen- und Gruppenlaufzeiten verwendet wird, kann dazu dienen, besondere Merkmale der Keilwellen deutlich zu machen. Man kann zeigen, daß die anormale Verbreiterung eines Gruppenlaufzeitmaximums ein charakteristisches Kennzeichen für die Dispersion der Rayleighwelle am Keil ist. Fehlinterpretationen sind möglich, wenn entweder nur ein Teil des Seismogrammes ausgewertet oder nicht genügend viele Frequenzen ausgewertet werden. Es besteht dann die Gefahr, daß man eine keilförmige Struktur als planparallele Schicht deutet, weil Teile der Gruppenlaufzeitkurve am Keil und an einer planparallelen Schichtung einander sehr ähnlich sein können.

Herrn Professor Dr.H.MENZEL (Hamburg) danke ich für seine Unterstützung und fruchtbare Diskussionen.
Herrn Professor Dr.K.HASSELMANN (Hamburg) und Herrn Professor Dr.A.K.MAL (Los Angeles) bin ich für einige wertvolle Anregungen dankbar.

G. Literaturzusammenstellung

ANSORGE, J.:

ModellseismischeArbeiten, Teil 2, Experimentelle Untersuchungen über zweidimensionale Wellenausbreitung im elastischen Halbraum mit und ohne Oberflächenschicht, Veröff.d.Landeserdbebendienstes Baden-Württemberg, Stuttgart 1964

ANSTEY, N.A.:

Correlation Techniques - a review, Geoph.Prosp.V.XII, S.355-382, 1964

ALEXANDER, Sh.S.:

Surface waves propagation in the western United States, Thesis, Cal.Inst.Tech.Pasadena, California, 1963

BRILLOUIN,L.:

Wave propagation and groupe velocity, Academic Press, New York & London 1960

CAGNIARD,L.:

Réflexion et réfraction des ondes séismiques progressives, Gauthier-Villars, Paris 1939

CHAUVEAU,J.:

Contribution a l'étude de la déformation du signal sismique, Analogies, Filtrage équivalent, Geoph.Prosp.V.X, S.453-490, 1962

COURANT,R. und HILBERT,D.:

Methods of mathematical physics,V.II, Interscience Publ. John Wiley & Sons, New York und London,1962

DE BREMAECKER,J.C.:

Transmission and reflection of Rayleigh waves at corners, Geoph.V.XXIII, S.253-266, 1958

EWING,W.M., JARDETZKY,W.S und PRESS,F.:

Elastic waves in layered media, McGraw-Hill Book Comp.Ing.New York, Toronto, London, 1957

FILON,L.N.G.:

Literaturhinweis siehe LOVE,A.E.H.

FUCHS,K.:

Untersuchung über die Wellenausbreitung in keilförmigenMedien, Dissertation, Bergakademie Clausthal 1963

FUCHS,K.:

Synthetic seismograms of P-waves propagating in solid wedges with free boundaries,Geoph.V.XXXI, S.524-535,1965

GILBERT,F. und LASTER,S.J.:

Excitation and propagation of pulses on an interface. Bull.Seis.Soc.Am.S.299-319,1962

GILBERT,F., LASTER,S.J., BACKUS,M.M. und SCHELL,R.:

Observation of pulses on an interface, Bull.Seis.Soc. Am.S.847-868, 1962

GILMORE,M.H.:

Microseisms and ocean storms, Bull.Seis.Soc.Am. S.89-119, 1946

GUHA,S.:

Modellseismische Untersuchungen zur Entstehung der reflektierten Refraktion, Dissertation Bergakademie Clausthal 1964

GUTDEUTSCH,R.:

Über Vielfacheinsätze elastischer Wellen an Schichten Zt.f.Geoph.V.28,S.11-46, S.53-79, 1962

GUTDEUTSCH,R. und KOENIG,M.:

Über die Signalgeschwindigkeit gebeugter elastischer Wellen, Zt.f.Geoph.V.31,S.246-259, 1965

GUTDEUTSCH,R. und KOENIG,M.:

Component registration in two-dimensional model seismology, Stud.Geoph.et Geod.V.10,S.314-322,1966

GUTDEUTSCH,R. und MENZEL,H.:

Bemerkungen zur sogenannten zweidimensionalen Theorie der Modellseismik, Zt.f.Geoph.V.33,S.200-205, 1967

GUTDEUTSCH,R.:

Modellseismische Experimente über die Ausbreitung von Rayleighwellen an keilförmigen Schichten, Zt.f. Geoph.V. 32,S.372-377, 1966

GUTENBERG,B.:

Dispersion und Extinktion von seiemischen Oberflächenwellen und der Aufbau der obersten Erdschichten, Phys.Zt.V.25,S.377-381, 1924

HANDBUCH DER PHYSIK

Herausg.Fluegge, V. IV, Elasticity and Plasticity, Springer, Berlin 1960

HARKRIDER,J.N.:

Surface waves in multi-layered elastic media, I: Rayleigh and Love waves from buried sources in a multilayered elastic half-space, Bull.Seis.Soc.Am. V.54,S.627-679, 1964

HASSELMANN, K.:

Die Totalreflexion einer kugelförmigen Kompressionsfront an einer Trennungsebene zweier elastischer Medien, ZAMM, V.40, S.464-472, 1960

HENNEMANN,R.:

Die Umwandlung elektrischer Impulse in akustische und akustischer in elektrische mit Hilfe von Bariumtitanat-Keramik, Diplomarbeit, Bergakademie Clausthal 1963

HUDSON,J.A. und KNOPOFF, L.:

Transmission and reflection of Rayleigh waves at a corner, 2, Rayleigh waves (theoretical), Journ.Geoph. Res.V.69,S.281-289, 1964

IVAKIN,B.N.:

Methods for controlling the density and elasticity of a medium during the two-dimensional modeling of seismic waves, Izvestija ANSSSR, Ser.geofiz.No.8, 11149, 1960, engl.transl.p.761

KANE, J. und SPENCE, J.:

Rayleigh wave transmission on elastic wedges, Geoph., V. XXVIII, S.715-723, 1963

KATO, Y. und TAKAGI, A.:

Model seismology, part 3, Wave propagation in the step-shaped structure on the cliff, Scientif.Rep.Tohoku Univ.Ser.Geophys.S.212, 1956

KLUSSMANN, J.:

Untersuchungen über die Ausbreitung elastischer Wellen im flözartigen Schichtverband, Dissertation Bergakademie Clausthal, 1964

KNOPOFF, L. und GANGI, A.F.:

Transmission and reflection of Rayleigh waves by wedges, Geoph.V.XXV, S.1203,-1214, 1960

KNOPOFF, L., BERRY,M.J. und SCHWAB,F.A.:

Tripartite phase velocity observations in laterally heterogeneous regions, Journ.Geoph.Res.V.72,S.2595-2601, 1967

KNOPOFF, L. und SCHWAB, F.A.:

The appearent initial phase of a source of Rayleigh waves, Bull.Seis.Soc.Am. 1968, im Druck

KNOPOFF,L., MÜLLER,S. und PILANT,W.:

Structure of the crust and upper mantle in the alps from the phase velocity of Rayleigh waves, Bull.Seis. Soc.Am.V.56,S.1009-1044, 1966

KNOPOFF,L. und MAL, A.K.:

The phase velocity of survace waves in the transitional zone of continental margins, Journ.Geoph.Res.V.68, S.1769-1776, 1967

KUO,J. und NAFE,J.:

Period equation of Rayleigh waves in a layer overlying a half-space with a sinusoidal interface, Bull.Seis.Soc.Am.V.52,S.807-822, 1962

KUO, J. und THOMPSON, G.A.:

Model studies on the effect of the sloping interface on Rayleigh waves, Journ.Geoph.Res.V.68,S.6187-6199, 1963

KREY, Th.:

Diskussionsbemerkung siehe MEISSNER,R.

LAMB, H.:

On the propagation of tremors over the surface of an elastic solid, Phil.Trans.Roy.Soc.(London) A,V.203, S.1-42,1904

LAPWOOD,E.R.:

The transmission of a Rayleigh pulse round a corner, Geoph.Journ.V.IV, S.174-196, 1961

LEE, A.W.:

The effect of geological structures upon microseismic distrubances, Monthly Notes of R.A.S.,Geoph.Suppl.3, S.238-252, 1932

LOVE,A.E.:

A treatise on the mathematical theory of elasticity, Cambridge Univ.Press, S.643, 1959

MACKE, W.:

Wellen, Ein Lehrbuch der theoretischen Physik, Geest & Portig, Leipzig 1962

MAL,A.K.:

Diffraction of elastic waves by penny shaped crack, Quart.Appl.Mathematics 1968 (im Druck)

MAL, A.K. und KNOPOFF,L.:

Transmission of Rayleigh waves at a corner, Bull.Seis. Soc.Am.V. 56, S.455-466, 1966

MAL,A.K. und KNOPOFF,L.:

Transmission of Rayleigh waves past a step change in elevation, Bull.Seis.Soc.Am.V.55,S.319-334,1965

MAL, A.K. und KNOPOFF,L.:

A Differential Equation for Surface Waves in Layers with Varying Thickness, Journal Math.Anal.Appl., 1968 (im Druck)

MARTIN, G.E.:

Literaturhinweis siehe HENNEMANN,R.

MEISSNER, R.:

Multiple events in refraction shooting, Geoph.Prosp.V. XIII, S.617-658, 1965

MORSE, P.M.:

Vibration and sound, McGraw-Hill Book.Comp.Inc. New York, Toronto, London 1948

NAKANO, H.:

On Rayleigh waves, Japan.Journ.Astron.Geoph.,V.II, S.233-326, 1925

NAKAMURA, K.:

Normal Mode Dispersion in an Elastic Plate, II, Scientific Rep.Tohoku Univ.5,S.155, 1960

OFFICER, C.B.:

Introduction to the theory of sound transmission with application to the ocean, McGraw-Hill Book Comp.Inc., New York,Toronto, London 1958

OLIVER, J., PRESS, F. und EWING, M.:

Two-dimensional model seismology, Geoph.V.19, S.202-219, 1954

PILANT,W., KNOPOFF,L. und SCHWAB,F.:

Transmission and reflection of surface waves at a corner, 3, Rayleigh waves (experimental), Journ.Geoph. Res.V.69, S.291-297, 1964

RAYLEIGH, Lord :

On waves propagated along the plane surface of an elastic solid, Proc.London Math.Soc.V.17,S.4-11, 1885

RIZNICHENKO,Y.V., SHAMINA,O.G. und CHANUTINA,R.V.:

Elastic waves with generalized velocity in two-dimensional bimorphic models, Izvestija ANSSSR, Ser.Geofiz.,Nr.4,S.497, 1961

SAVARENSKI,E.F. und KIRNOS,D.P.:

Elemente der Seismologie und Seismometrie, Akademie-Verlag, Berlin 1960

SCHNEIDER,G., MÜLLER,S. und KNOPOFF,L.:

Gruppengeschwindigkeitsmessungen an kurzperiodischen Oberflächenwellen in Mitteleuropa, Zt.f.Geoph.V.32, S.33, 1966

SEIDL,D., MÜLLER,S. und KNOPOFF,L.:

Dispersion von Rayleigh-Wellen in Südwestdeutschland und in den Alpen, Zt.f.Geoph.V.32,S.472-481, 1966

SOMMERFELD, A.:

Mechanik der deformierbaren Medien, Dieterich'sche Verlagsbuchhandlung, Wiesbaden 1947, Seite 319, Zeile 26 ff.

SOMMERFELD, A.:

Differentialgleichungen, Dieterich'sche Verlagsbuchhandlung, Wiesbaden, 1947, Seite 315 ff.

SORGE, W.A.:

Rayleigh-wave motion in an elastic half-space, Geoph.V. 30,S.97, 1965

STEINBECK, J.:

Modellseismische Untersuchungen von Rayleighwellen unter besonderer Berücksichtigung einer Deckschicht von variabler Mächtigkeit, Dissertation, Freie Universität Berlin, 1965

STROBACH, K.:

Zum Studium der mikroseismischen Bodenunruhe in Hamburg, Zt.f.Geoph.V. 21, S.190-214, 1955

STROBACH, K.:

Ein Beitrag zum Problem der Entstehung und der Wellennatur der mikroseismischen Bodenunruhe, Habilitationsschrift Hamburg, 1960

SZABO, I.:

Einführung in die technische Mechanik, Springer, Berlin-Göttingen-Heidelberg, 1959

TAKAGI,A.:

Seismic model studies, Part I, On Rayleigh waves, Scientif.Rep.Tohoku Univ.Ser.Geoph.8,S.1, 1956

TOLSTOY, I. und USDIN, E.:

Dispersive properties of stratified elastic and liquid media: a ray theory, Geoph.V.18,S.844-870, 1953

TOLSTOY,I. und USDIN, E.:

Wave propagation in elastic plates: low and high mode dispersion, J.A.S.A.S.37-42, 1957

ANHANG I

Berechnung der Laufzeiten der Wellen am Keil

Die Laufzeit τ_{12} einer Welle der Kreisfrequenz ω von $x_{1(1)}$ nach $x_{1(2)}$ soll berechnet werden. Die lokale Phasengeschwindigkeit c liegt in Form einer Dispersionskurve $c(\omega H)$ vor, wobei $H=\omega x_1 \tan g\phi_0$ ist. Dann ergibt sich die Laufzeit zu

$$(65)\quad \tau_{12}=\int_{x_{1\,1}}^{x_{1\,2}} \frac{dx}{c(\omega x_1 \tan g\phi_0)} = \frac{1}{\omega \tan g\phi_0}\int_{\omega x_{1(1)}\tan g\phi_0}^{\omega x_{1(2)}\tan g\phi_0} dp/c(p)$$

mit $p=\omega x_1 \tan g\phi_0$.

Die lokale Phasengeschwindigkeit c_n, gültig für einen schmalen Bereich B des Keiles, wird der Dispersionskurve in diskreten Werten entommen:

$$c_n=c_n(p_n) \qquad p_n=\delta n=\omega x_1 n \tan g\phi_0 \qquad n=0,1,2,3,...$$

δ ist eine kleine Zahl und bedeutet ein Maß für die Breite des Bereiches B. Es wird auf $\delta=0{,}2$ festgelegt. Die Geschwindigkeit c_n gilt für den Entfernungsbereich

$$(66)\quad x_1 n - \frac{\delta}{2\omega \tan g\phi_0} \leq x_1 \leq x_1 n + \frac{\delta}{2 \tan g\phi_0}$$

Das Integral in Gleichung (65) wird näherungsweise durch die Trapezformel ausgerechnet.

$$(67)\quad \tau_{12}=\frac{\delta}{\omega \tan g\phi_0}\sum_{k=m_2}^{k=m_1}\frac{1}{c_k} - \frac{\frac{1}{c_{m_2}}+\frac{1}{c_{m_1}}}{2}$$

$$+\frac{(\omega x_{1(2)}\tan g\phi_0-m_2\delta)}{2}1/c_{m_2+1} - \frac{(\omega x_{1(2)}\tan g\phi_0+m_2\delta)(1/c_{m_2+1}-1/c_{m_2})}{2\delta}$$

$$-\frac{(\omega x_{1\,1}\tan g\phi_0-m_1\delta)}{2}\,{}^1c_{m\,+1} - \frac{(\omega x_{1(1)}\tan g\phi_0+m_1\delta)(1/c_{m_1+1}-1/c_{m_1})}{2\delta}$$

mit

$$x_{1(m_1)} - \frac{\delta}{2\omega \tan g\phi_0} \leq x_{1(1)} \leq x_{1(m_1)} + \frac{\delta}{2\omega \tan g\phi_0}$$

$$x_{1(m_2)} - \frac{\delta}{2\omega \tan g\phi_0} \leq x_{1(2)} \leq x_{1(m_2)} + \frac{\delta}{2\omega \tan g\phi_0}$$

Die Trapezformel ist ausreichend genau, wenn die Krümmung der Kurve $c(\omega H)$ nicht zu stark ist. Eine besondere Berechnung ist erforderlich, wenn $c_n(\xi_n)$ gleich Null ist. Hier versagt die Formel (67).

Nach Abbildung 5 verschwindet die lokale Phasengeschwindigkeit der B-Welle bei n=0. Man muß für diesen Fall eine Näherungsformel verwenden. Die asymptotische Darstellung

$$c_{an} = \frac{a'}{\sqrt{3}} kH \qquad (kH)^3 \Rightarrow 0 \qquad c_{an} = c = \text{lokale Phasengeschwindigkeit der B-Welle}$$

kann auf die Form

$$c = \sqrt{\frac{a'\omega \tan g\phi_0 \cdot x_1}{\sqrt{3}}} \qquad x_1^3 \Rightarrow 0$$

gebracht werden, die für sehr kleine x_1 verwendbar ist. Man kann durch Nachrechnen zeigen, daß sie für $\omega x_1 \tan g\phi_0 = 0{,}2$ nur um ca. 4% vom wahren Wert abweicht, und zwar zu große Beträge angibt. Da die Schrittweite δ gleich 0,2 gewählt wurde, wird die Näherungsformel

$$(68) \qquad c = c_1 \sqrt{\frac{\tan g\phi_0 x_1 \omega}{\delta}}$$

eine noch bessere Approximation liefern, da sie sowohl für $x_1=0$ als auch für $x_1=\delta/(\omega \tan g\phi_0)$ den exakten Wert angibt. Wenn man Gleichung (68) in Gleichung (65) einsetzt, folgt die Laufzeit durch direkte Integration:

$$(69) \quad \tau_{12} = \left(\sqrt{x_{1(2)}} - \sqrt{x_{1(1)}}\right) \sqrt{\frac{\delta}{4C_1^2 \omega \tan g\phi_0}} \qquad \text{für } x_{1(2)} \leq \frac{\delta}{\omega \tan g\phi_0}$$

Diese Formel wird für die B-Welle benutzt, wenn m_2 kleiner oder gleich 1 ist.

Ein Signal, das in dem Analysenintervall T durch eine endliche Fouriersumme

$$f(t) = -F_0/2 + \sum_{m=-M}^{m=+M} F_m d^{im\frac{2\pi t}{T}} \quad \text{mit } F_m = \frac{1}{T} \int_{+T/2}^{-T/2} f(t) e^{-im\omega t}\, dt$$

angenähert wird, erfährt beim Durchlaufen des Keiles von $x_{1(1)}$ nach $x_{1(2)}$ eine Deformation. Das resultierende Signal

$\overline{f(t)}$ ergibt sich zu

$$(70) \qquad \overline{f(t)} = \sum_{m=-M}^{m=+M} F_m e^{-im\frac{2\pi}{T}(\tau_{12}-t)}$$

Diese Formel wurde zur Berechnung der synthetischen Seismogramme in Abbildung 22 usws. programmiert.

A N L A G E   II

Berechnung der Restspannungen an den Keilgrenzflächen

Koordinatensysteme entsprechend Abbildung 20:

x_1, x_2 (1-Achse liegt auf der Winkelhalbierenden)

$\overline{x}_1$, $\overline{x}_2$ ($\overline{1}$-Achse liegt auf der Grenzfläche S_2)

Die Transformationsbedingungen lauten:

(71) $$\overline{x}_1 = x_1\cos\phi_0 + x_2\sin\phi_0$$

(72) $$\overline{x}_2 = -x_1\sin\phi_0 + x_2\cos\phi_0$$

Man kann die Integranden in den Gleichungen (44) und (45) umschreiben in

(73) $$U_s = \frac{I}{2}(e^{-ikx_1+\nu x_2}+e^{-ikx_1-\nu x_2})$$

(74) $$\Psi_s = \frac{K}{2}(e^{-ikx_1+\nu' x_2}-e^{-ikx_1-\nu' x_2})$$

Nach der Transformation lauten die Exponenten

$$-ikx_1+\nu x_2 = (\nu\sin\phi_0 - ik\cos\phi_0)\overline{x}_1+(\nu\cos\phi_0 + ik\sin\phi_0)\overline{x}_2$$

$$-ikx_1-\nu x_2 = -(\nu\sin\phi_0 + ik\cos\phi_0)\overline{x}_1-(\nu\cos\phi_0 - ik\sin\phi_0)\overline{x}_2$$

$$-ikx_1+\nu' x_2 = (\nu'\sin\phi_0-ik\cos\phi_0)\overline{x}_1+(\nu'\cos\phi_0+ik\sin\phi_0)\overline{x}_2$$

$$-ikx_1-\nu' x_2 = -(\nu'\sin\phi_0+ik\cos\phi_0)\overline{x}_1-(\nu'\cos\phi_0-ik\sin\phi_0)\overline{x}_2$$

Es werden folgende Abkürzungen eingeführt:

$$-in = \nu\sin\phi_0-ik\cos\phi_0$$

$$-in^+ = -(\nu\sin\phi_0+ik\cos\phi_0)$$

$$-im = \nu'\sin\phi_0-ik\cos\phi_0$$

$$-im^+ = -(\nu'\sin\phi_0+ik\cos\phi_0)$$

$$\nu = \nu\cos\phi_0+ik\sin\phi_0$$

$$\nu^+ = \nu\cos\phi_0-ik\sin\phi_0$$

$$\nu' = \nu'\cos\phi_0+ik\sin\phi_0$$

$$\nu'^+ = \nu'\cos\phi_0-ik\sin\phi_0$$

$P(n) = \mu(2k^2-k_a^2)\sin 2\phi_0 - 2ik\nu\mu\cos 2\phi_0$

$P(n^+) = -\mu(2k^2-k_a^2)\sin 2\phi_0 - 2ik\nu\mu\cos 2\phi_0$

$Q(m) = \mu(2k^2-k_b^2)\cos 2\phi_0 + 2ik\nu'\mu\sin 2\phi_0$

$Q(m^+) = \mu(2k^2-k_b^2)\cos 2\phi_0 - 2ik\nu'\mu\sin 2\phi_0$

$S(m) = -\mu(2k^2-k_b^2)\sin 2\phi_0 + 2ik\nu'\mu\cos 2\phi_0$

$S(m^+) = \mu(2k^2-k_b^2)\sin 2\phi_0 + 2ik\nu'\mu\cos 2\phi_0$

$R(n) = \mu(2k^2-k_a^2)\cos 2\phi_0 - (\lambda+\mu)k_a^2 + 2ik\nu\mu\sin 2\phi_0$

$R(n^+) = \mu(2k^2-k_a^2)\cos 2\phi_0 - (\lambda+\mu)k_a^2 - 2ik\nu\mu\sin 2\phi_0$

$T(n) = -\mu(2k^2-k_a^2)\cos 2\phi_0 - (\lambda+\mu)k_a^2 - 2ik\nu\mu\sin 2\phi_0$

$T(n^+) = -\mu(2k^2-k_a^2)\cos 2\phi_0 - (\lambda+\mu)k_a^2 + 2ik\nu\mu\sin 2\phi_0$

Man erhält mit Hilfe der Gleichungen (42),(43) und

$$\sigma_{\overline{11}} = \left(\frac{\partial^2 U_2}{\partial x_1} + \frac{\partial^2 U_2}{\partial x_2}\right) + 2\mu\left(\frac{\partial^2 U_2}{\partial x_1} + \frac{\partial^2 \Psi}{\partial x_1 \partial x_2}\right)$$

folgende Ausdrücke für die Spannungskomponenten an der Grenzfläche S_2:

$$(75)\quad \sigma_{\overline{11}} = \frac{I}{2}\left(T(n)e^{-in\bar{x}_1} + T(n^+)e^{-in^+\bar{x}_1}\right) - \frac{K}{2}\left(S(m)e^{-im\bar{x}_1} + S(m^+)e^{-im^+\bar{x}_1}\right)$$

$$(76)\quad \sigma_{\overline{22}} = \frac{I}{2}\left(R(n)e^{-in\bar{x}_1} + R(n^+)e^{-in^+\bar{x}_1}\right) + \frac{K}{2}\left(S(m)e^{-in\bar{x}_1} + S(m^+)e^{-im^+\bar{x}_1}\right) \quad \text{für } \bar{x}_2 = 0$$

$$(77)\quad \sigma_{\overline{12}} = \frac{I}{2}\left(P(n)e^{-in\bar{x}_1} - P(n^+)e^{-in^+\bar{x}_1}\right) + \frac{K}{2}\left(Q(m)e^{-im\bar{x}_1} - Q(m^+)e^{-im^+\bar{x}_1}\right)$$

Die Randbedingungen auf S' und S' (s.Abbildung 20) ergeben Beziehungen für die Amplitudenfaktoren:

$\sigma_{\overline{12}} = 0(x_2 = \pm H)$ $\quad I = G\cdot\mu(2k^2-k_b^2)\sin(\nu'\bar{x}_1\sin\phi_0)$

$\quad K = G\cdot 2ik\nu\mu\sin(\nu\bar{x}_1\sin\phi_0)$

$\sigma_{\overline{22}} = 0(x_2 = H)$ $\quad I = \bar{H}\cdot 2ik\nu'\mu\cos(\nu'\bar{x}_1\sin\phi_0)$

$\quad K = -\bar{H}\cdot(2\mu\nu^2-\lambda k_a^2)\cos(\nu\bar{x}_1\sin\phi_0)$

mit $H = \bar{x}_1\sin\phi_0$. Die neuen Amplitudenfaktoren H und G sind durch

(78) $$\overline{H} = -\frac{i(2k^2-k_b^2)\sin(\nu'\bar{x}_1\sin\phi_0)}{2k\nu'\cos(\nu' x_1\sin\phi_0)}\cdot G$$

miteinander verknüpft. Es ergeben sich folgende Ausdrücke für die Spannungskomponenten:

(79) $$\sigma_{\overline{11}} = G\cdot\frac{\sin(|\nu'|\bar{x}_1\sin\phi_0)}{\mathrm{Sin}(|\nu'|\bar{x}_1\sin\phi_0)}\frac{(2k^2-k_b^2)\cos(\nu\bar{x}_1\sin\phi_0)}{2k|\nu'|}\cdot\mu$$

$$\Big(-\sin2\phi_0\frac{\cos\alpha}{\sin\alpha}\Big(-\mu4k^2\nu|\nu'|\,\mathrm{tang}(\nu\bar{x}_1\sin\phi_0)+$$

$$+(2\mu\nu^2-\lambda k_a^2)(2k^2-k_b^2)\cdot\frac{\mathrm{tang}(|\nu'|\bar{x}_1\sin\phi_0)}{\mathrm{Tang}(|\nu'|\bar{x}_1\sin\phi_0)}\Big)$$

$$\pm4k|\nu'|(\lambda+\mu)k_a^2\cos^2\phi_0\frac{\sin\alpha}{\cos\alpha}\Big)$$

(80) $$\sigma_{\overline{22}}=G\cdot\mu\frac{(2k^2-k_b^2)}{2k|\nu'|}\frac{\sin(2|\nu'|\bar{x}_1\sin\phi_0)}{\mathrm{Sin}(2|\nu'|\bar{x}_1\sin\phi_0)}\cdot\sin\phi_0$$

$$\Big(2k_a^2k|\nu'|(\lambda+\mu)\sin\phi_0\frac{\sin\alpha}{\cos\alpha}\pm(4k^2\nu|\nu'|\mu\,\mathrm{tang}(\nu\bar{x}_1\sin\phi_0)\,-$$

$$-(2k^2-k_b^2)(2\mu\nu^2-k_a^2\lambda)\frac{\mathrm{tang}(|\nu'|\bar{x}_1\sin\phi_0)}{\mathrm{Tang}(|\nu'|\bar{x}_1\sin\phi_0)}\cos\phi_0\cdot\frac{\cos\alpha}{\sin\alpha}\Big)$$

(81) $$\sigma_{\overline{12}}=\pm G\cdot\mu^2\cdot\sin2\phi_0\cos(\nu\bar{x}_1\sin\phi_0)\frac{\cos(|\nu'|x_1\sin\phi_0)}{\mathrm{Cos}(|\nu'|x_1\sin\phi_0)}\cdot$$

$$\cdot\Big((2k^2-k_b^2)(2k^2-k_a^2)\frac{\mathrm{tang}(|\nu'|\bar{x}_1\sin\phi_0)}{\mathrm{Tang}(|\nu'|\bar{x}_1\sin\phi_0)}$$

$$-4k^2\nu|\nu'|\,\mathrm{tang}(\nu\bar{x}_1\sin\phi_0)\Big)\frac{\sin\alpha}{\cos\alpha}$$

Die oberen Vorzeichen und Formeln gelten für $k>k_b$, die unteren für $k<k_b$. Die Abkürzung α bedeutet

$$\alpha = \omega t - k\bar{x}_1\cos\phi_0 .$$

Wenn der Keilöffnungswinkel klein ist und die Winkel- bzw. Hyperbelfunktionen durch ihre Näherungen 1.Ordnung ersetzt werden können, sind $\sigma_{\overline{12}}$ und $\sigma_{\overline{22}}$ viel kleiner als $\sigma_{\overline{11}}$. Man erkennt, daß

$$\sigma_{\overline{12}} \text{ proportional } \phi_0\,\sigma_{\overline{11}}$$

$$\sigma_{\overline{22}} \text{ proportional } \phi_0^{\,2}\sigma_{\overline{11}}$$

A N L A G E III

Berechnung der Amplitude der L-Welle bei Anwendung des Energiesatzes

Auswertung von Gleichung (64) für die L-Welle

$$(64)\qquad \text{const.} = \overline{E}_m = \frac{4}{T}\int_{-x_1\tan g\phi_0}^{+x_1\tan g\phi_0} |\Omega_{1j}\; U_j|\,dx_2$$

$$(82)\qquad \Omega_{1j}U_j = \Omega_{11}U_1 + \Omega_{12}U_2$$

$$=\{(\lambda+2\mu)\frac{\partial^2 U}{\partial x_1^2}(\frac{\partial U}{\partial x_1}+\frac{\partial \Psi}{\partial x_2})+\lambda\frac{\partial^2 U}{\partial x_2^2}(\frac{\partial U}{\partial x_1}+\frac{\partial \Psi}{\partial x_2})$$

$$+2\mu\frac{\partial^2 \Psi}{\partial x_1 \partial x_2}(\frac{\partial U}{\partial x_1}+\frac{\partial \Psi}{\partial x_2})$$

$$+2\mu\frac{\partial^2 U}{\partial x_1 \partial x_2}(\frac{\partial U}{\partial x_2}-\frac{\partial \Psi}{\partial x_1})-\mu\frac{\partial^2 \Psi}{\partial x_1^2}(\frac{\partial U}{\partial x_2}-\frac{\partial \Psi}{\partial x_1})$$

$$+\mu\frac{\partial^2 \Psi}{\partial x_2^2}(\frac{\partial U}{\partial x_2}-\frac{\partial \Psi}{\partial x_1})\}\cdot e^{-(ikx_1-i\omega t)2}$$

Es wird die Lösung Gleichung (44) und (45) benutzt:

$$U_s = I\cdot\cos(\nu x_2)e^{i(\omega t-kx_1)}$$
$$\Psi_s = K\cdot\sin(\nu' x_2)\cdot e^{i(\omega t-kx_1)}$$

Die Indizes von U_s bzw. Ψ_s sollen der Kürze halber im nachfolgenden Text weggelassen werden.

$$I = G\cdot\mu\cdot(2k^2-k_b^2)\sin\nu' H$$
$$K = G\cdot\mu\cdot 2ik\nu\sin\nu H$$

mit $H=x_1\tan g\phi_0$

Folgende Abkürzungen werden eingeführt:

$I_1=\cos^2\nu x_2$	$L_1=\cos\nu x_2\cos\nu' x_2$
$I_2=\sin^2\nu x_2$	$L_2=\sin\nu x_2\sin\nu' x_2$
$K_1=\cos^2\nu' x_2$	$M_1=\mu(2k^2-k_b^2)\sin\nu' H$
$K_2=\sin^2\nu' x_2$	$M_2=2k\nu\mu\sin\nu H$

Gleichung (82) lautet ausgeschrieben:

$$(83)\quad \Omega_{1j}U_j = (\lambda+2\mu)ik^3G^2M_1^2I_1 - (\lambda+2\mu)ik^2\nu' G^2M_1M_2L_1$$
$$-\lambda ik\nu^2G^2M_1^2I_1 + \lambda\nu^2\nu' iG^2M_1M_2L_1$$
$$-2\mu k^2\nu' iG^2M_1M_2L_1 + 2\mu k\nu'^2 iM_2^2K_1G^2$$
$$-2\mu k\nu^2 iG^2M_1^2I_2 + 2\mu k^2\nu iG^2M_1M_2L_2$$
$$+\mu k^2\nu iG^2M_1M_2L_2 + \mu k^3 iG^2M_2^2K_2$$
$$+\mu\nu\nu'^2 iG^2M_1M_2L_2 + \mu\nu'^2 kiG^2M_2^2K_2$$

Die rechte Seite von Gleichung (83) ist rein imaginär, daher darf man sie gliedweise integrieren:

$$(84)\quad \Omega_{1j}U_j\, dx_2 = G^2\{(2\mu k^2+\lambda k_a^2)kM_1^2\}\int I_1\, dx_2$$
$$-\ \nu'(\lambda k_a^2+4\mu k^2)M_1M_2\int L_1\, dx_2 + 2k\nu'^2\mu M_2^2\int K_1\, dx_2$$
$$-\ 2k\nu^2\mu M_1^2\int I_2\, dx_2 + \mu\nu(4k^2-k_b^2)M_1M_2\int L_2\, dx_2$$
$$+\ k\mu(2k^2-k_b^2)M_2^2\int K_2\, dx_2 = E_m\cdot\frac{T}{4}$$

Die in Gleichung (84) vorkommenden Integrale sind analytisch auswertbar. Sie liefern:

$$\int_{-x_1\tan g\phi_0}^{x_1\tan g\phi_0} I_1\, dx_2 = \frac{\mathrm{Sin}(2\nu x_1\tan g\phi_0)+2\nu x_1\tan g\phi_0}{2\nu}$$

$$\int_{-x_1\tan g\phi_0}^{x_1\tan g\phi_0} I_2\, dx_2 = \frac{\mathrm{Sin}(2\nu x_1\tan g\phi_0)-2\nu x_1\tan g\phi_0}{2\nu}$$

$$\int_{-x_1\tan g\phi_0}^{x_1\tan g\phi_0} K_1\, dx_2 = \frac{\mathrm{Sin}(2\nu' x_1\tan g\phi_0)+2\nu' x_1\tan g\phi_0}{2\nu'}$$

$$\int_{-x_1\tan g\phi_0}^{x_1\tan g\phi_0} K_2\, dx_2 = \frac{\mathrm{Sin}(2\nu' x_1\tan g\phi_0)-2\nu' x_1\tan g\phi_0}{2\nu'}$$

$$\int_{-x_1\tan g\phi_0}^{x_1\tan g\phi_0} L_1\, dx_2 = 2\,\frac{\nu\,\mathrm{Sin}(\nu x_1\tan g\phi_0)\mathrm{Cos}(\nu' x_1\tan g\phi_0) - \nu'\,\mathrm{Cos}(\nu x_1\tan g\phi_0)\mathrm{Sin}(\nu' x_1\tan g\phi_0)}{k_b^2 - k_a^2}$$

$$\int_{-x_1\tan g\phi_0}^{x_1\tan g\phi_0} L_2\, dx_2 = 2\,\frac{\nu\,\mathrm{Cos}(\nu x_1\tan g\phi_0)\mathrm{Sin}(\nu' x_1\tan g\phi_0) - \nu'\,\mathrm{Sin}(\nu x_1\tan g\phi_0)\mathrm{Cos}(\nu' x_1\tan g\phi_0)}{k_b^2 - k_a^2}$$

Für den Amplitudenfaktor G folgt daraus die Beziehung

$$
(85)\qquad G = \sqrt{\begin{aligned}
&\frac{T\bar{E}_m}{4}\cdot 1 \Big/ \Big| M_1^2 k\Big(\frac{\operatorname{Sin}(\nu x_1 \operatorname{tang}\phi_0)k_a^2(\lambda+2\mu)}{2} \\
&- x_1 \operatorname{tang}\phi_0 (4\mu k^2+(\lambda-2\mu)k_a^2)\Big) \\
&+ k\mu M_2^2\Big(\frac{4k^2-3k_b^2}{2|\nu'|}\cdot\begin{smallmatrix}\sin(2|\nu'|x_1\operatorname{tang}\phi_0)\\ \operatorname{Sin}(2|\nu'|x_1\operatorname{tang}\phi_c)\end{smallmatrix}+k_b^2 x_1 \operatorname{tang}\phi_0\Big) \\
&\mp 2|M_1|M_2\frac{\cos(\nu x_1\operatorname{tang}\phi_0)}{k_b^2-k_a^2}\cdot\begin{smallmatrix}\cos(|\nu'|x_1\operatorname{tang}\phi_0)\\ \operatorname{Cos}(|\nu'|x_1\operatorname{tang}\phi_0)\end{smallmatrix}\cdot \\
&(\mu\nu^2(4k^2-k_b^2)+(k^2-k_b^2)(\lambda k_a+4\mu k^2))\begin{smallmatrix}\operatorname{tang}(|\nu'|x_1\operatorname{tang}\phi_0\\ \operatorname{Tang}(|\nu'|x_1\operatorname{tang}\phi_0\end{smallmatrix} \\
&-\nu|\nu'|(\mu(4k^2-k_b^2)+(\lambda k_a^2+4\mu k^2)\operatorname{Tang}(\nu x_1\operatorname{tang}\phi_0))\Big|
\end{aligned}}\;;
$$

Die unteren Vorzeichen und Symbole gelten für $k<k_b$, die oberen für $k>k_b$. Die Komponenten der Verschiebung u_1 und u_2 lauten dann

$$(86)\qquad u_1=-iG(kM_1\operatorname{Cos}\nu x_2-\nu' M_2\operatorname{Cos}\nu' x_2)e^{-i(kx_1-\omega t)}$$

$$(87)\qquad u_2= G(\nu M_1\operatorname{Sin}\nu x_2-kM_2\operatorname{Sin}\nu' x_2)e^{-i(kx_1-\omega t)}$$

Für die numerische Berechnung wird $E_m=1$ gesetzt.

MIX
Papier | Fördert gute Waldnutzung
FSC® C083411

Kolibri 360 GmbH
Ferdinand-Jühlke-Straße 7
99095 Erfurt, Deutschland
produktsicherheit@kolibri360.de